電子情報通信レクチャーシリーズ **D-18**

超高速エレクトロニクス

電子情報通信学会●編

中村　徹　共著
三島友義

コロナ社

▶電子情報通信学会 教科書委員会 企画委員会◀

- **委員長**　　　　原 島　　博（東京大学教授）
- **幹事**　　　　　石 塚　　満（東京大学教授）
  （五十音順）　　大 石　進 一（早稲田大学教授）
  　　　　　　　中 川　正 雄（慶應義塾大学教授）
  　　　　　　　古 屋　一 仁（東京工業大学教授）

▶電子情報通信学会 教科書委員会◀

- **委員長**　　　　　　　辻 井　重 男（中央大学教授／東京工業大学名誉教授）
- **副委員長**　　　　　　長 尾　　眞（京都大学総長）
  　　　　　　　　　　神 谷　武 志（大学評価・学位授与機構／東京大学名誉教授）
- **幹事長兼企画委員長**　原 島　　博（東京大学教授）
- **幹事**　　　　　　　　石 塚　　満（東京大学教授）
  （五十音順）　　　　　大 石　進 一（早稲田大学教授）
  　　　　　　　　　　中 川　正 雄（慶應義塾大学教授）
  　　　　　　　　　　古 屋　一 仁（東京工業大学教授）
- **委員**　　　　　　　　122名

(2002年3月現在)

刊行のことば

　新世紀の開幕を控えた1990年代，本学会が対象とする学問と技術の広がりと奥行きは飛躍的に拡大し，電子情報通信技術とほぼ同義語としての"IT"が連日，新聞紙面を賑わすようになった．

　いわゆるIT革命に対する感度は人により様々であるとしても，ITが経済，行政，教育，文化，医療，福祉，環境など社会全般のインフラストラクチャとなり，グローバルなスケールで文明の構造と人々の心のありさまを変えつつあることは間違いない．

　また，政府がITと並ぶ科学技術政策の重点として掲げるナノテクノロジーやバイオテクノロジーも本学会が直接，あるいは間接に対象とするフロンティアである．例えば工学にとって，これまで教養的色彩の強かった量子力学は，今やナノテクノロジーや量子コンピュータの研究開発に不可欠な実学的手法となった．

　こうした技術と人間・社会とのかかわりの深まりや学術の広がりを踏まえて，本学会は1999年，教科書委員会を発足させ，約2年間をかけて新しい教科書シリーズの構想を練り，高専，大学学部学生，及び大学院学生を主な対象として，共通，基礎，基盤，展開の諸段階からなる60余冊の教科書を刊行することとした．

　分野の広がりに加えて，ビジュアルな説明に重点をおいて理解を深めるよう配慮したのも本シリーズの特長である．しかし，受身的な読み方だけでは，書かれた内容を活用することはできない．"分かる"とは，自分なりの論理で対象を再構築することである．研究開発の将来を担う学生諸君には是非そのような積極的な読み方をしていただきたい．

　さて，IT社会が目指す人類の普遍的価値は何かと改めて問われれば，それは，安定性とのバランスが保たれる中での自由の拡大ではないだろうか．

　哲学者ヘーゲルは，"世界史とは，人間の自由の意識の進歩のことであり，…その進歩の必然性を我々は認識しなければならない"と歴史哲学講義で述べている．"自由"には利便性の向上や自己決定・選択幅の拡大など多様な意味が込められよう．電子情報通信技術による自由の拡大は，様々な矛盾や相克あるいは摩擦を引き起こすことも事実であるが，それらのマイナス面を最小化しつつ，我々はヘーゲルの時代的，地域的制約を超えて，人々の幸福感を高めるような自由の拡大を目指したいものである．

　学生諸君が，そのような夢と気概をもって勉学し，将来，各自の才能を十分に発揮して活躍していただくための知的資産として本教科書シリーズが役立つことを執筆者らと共に願っ

ている．

　なお，昭和55年以来発刊してきた電子情報通信学会大学シリーズも，現代的価値を持ち続けているので，本シリーズとあわせ，利用していただければ幸いである．

　終わりに本シリーズの発刊にご協力いただいた多くの方々に深い感謝の意を表しておきたい．

　2002年3月　　　　　　　　　　　　　　　　　　　電子情報通信学会　教科書委員会

　　　　　　　　　　　　　　　　　　　　　　　　　　委員長　辻　井　重　男

まえがき

　半導体電子デバイスは，我々が生活している社会のあらゆる製品に用いられている．そのほとんどは情報を記憶したり演算したりする大規模集積回路であるが，特に高速性に優れた性能を持つ半導体電子デバイスは，通信・伝送・高速情報処理分野において欠くことのできない役割を果たしている．より多くの情報量を，より高速に処理して伝送するために，年々高性能の超高速半導体電子デバイスが開発されている．

　本書で学ぶ超高速エレクトロニクスでは，超高速半導体電子デバイスや集積回路を取り上げる．例えば，各家庭から電話線および各種ケーブルで電話局やプロバイダに接続された信号を高速で送信する装置に使われている半導体デバイス，携帯電話などモバイル機器の送受信に使われている半導体デバイス，また自動車に搭載されているレーダを制御する半導体デバイスなどの動作や特徴について述べる．これらの半導体デバイスは，IV族元素のシリコン（Si）やIII-V族化合物のヒ化ガリウム（GaAs）などの材料を用いて作られている．シリコンはメモリやMPUなどの大規模集積回路に応用されているが，超高速エレクトロニクスではデバイス構造の工夫と接合深さを浅くする浅接合化によって超高速性を実現させている．また，III-V族化合物を用いた半導体では縦または横方向のエネルギーバンドを工夫して超高速性を実現させている場合が多い．これら超高速半導体電子デバイスは，半導体材料の物理や性質を上手に応用したり工夫したりして従来にない性能を実現している．

　本書では，超高速動作を実現させるために筆者らが経験し工夫した特殊な構造やプロセスについても述べる．これらの技術は研究開発された当初では非常に目新しい技術にみえるが，年が経るにつれて当たり前の技術となってしまう．しかし，超高速性を実現する観点や手法はいつの時代も共通である．本書では，半導体の物理や性質をどのように生かして高速性を達成しているかについて詳しく学び，その本質を理解することにより，新しい技術開発に携わる読者が新しいアイデアを創造することに役立つことを期待する．

　なお，執筆に当たっては，東京工業大学の古屋一仁先生に多くのご指導をいただいた．また，日立製作所中央研究所の鷲尾勝由氏，和田真一郎氏，三菱電機情報技術総合研究所の末松憲治氏，また，法政大学大学院修士課程の酒井紘平君には多くのご協力をいただいた．コロナ社の方々には原稿校正などに多くのご迷惑をおかけした．ここに感謝の意を表したい．

　2003年8月

中　村　　　徹

三　島　友　義

目　次

1. 超高速デバイスと応用分野

- 1.1 超高速動作電子機器とエレクトロニクス …………………… 2
- 1.2 超高速デバイスの種類と進歩 ………………………………… 4
- 1.3 半導体デバイスの応用分野と集積度 ………………………… 5
- 本章のまとめ ……………………………………………………… 8
- 理解度の確認 ……………………………………………………… 8

2. 超高速デバイスの構造とその特徴

- 2.1 トランジスタの動作と飽和速度 ……………………………… 10
  - 2.1.1 移動度と飽和速度 ……………………………………… 10
  - 2.1.2 超高速デバイスに印加される電界 …………………… 11
- 2.2 真性トランジスタと寄生デバイス …………………………… 13
- 2.3 超高速デバイスの構造 ………………………………………… 14
- 談話室　抵抗を下げる …………………………………………… 15
- 2.4 高速デバイス設計の指針 ……………………………………… 16
- 本章のまとめ ……………………………………………………… 17
- 理解度の確認 ……………………………………………………… 18

3. 超高速デバイス用材料と製造技術

- 3.1 Ⅲ-Ⅴ族化合物半導体の物性とヘテロ接合 …………………… 20
  - 3.1.1 Ⅲ-Ⅴ族化合物半導体の物性 …………………………… 20
  - 3.1.2 ヘテロ接合 ……………………………………………… 25

3.2　結晶成長技術と評価技術 ……………………………… 29
　　　　3.2.1　結晶成長技術 ………………………………………… 30
　　　　3.2.2　半導体結晶評価技術 ………………………………… 34
　　3.3　シリコン基板への浅接合構造と形成技術 ……………… 37
　　　　3.3.1　p形及びn形拡散層の浅接合化 …………………… 37
　　　　3.3.2　浅接合化技術 ………………………………………… 38
　本章のまとめ ……………………………………………………… 43
　理解度の確認 ……………………………………………………… 44

4. シリコンバイポーラトランジスタ

　　4.1　バイポーラトランジスタの動作原理 …………………… 46
　　　　4.1.1　一次元バイポーラトランジスタの直流電流と電流増幅率 … 46
　　談話室　ガンメルプロット ……………………………………… 49
　　　　4.1.2　バイポーラトランジスタのベース電流 …………… 49
　　　　4.1.3　コレクタ領域の電荷 ………………………………… 53
　　　　4.1.4　寄生領域のトランジスタ性能への影響 …………… 55
　　4.2　シリコンバイポーラトランジスタ ……………………… 57
　　　　4.2.1　トランジスタ構造と不純物ドーピングプロファイル …… 57
　　　　4.2.2　ベース抵抗 …………………………………………… 59
　　　　4.2.3　多結晶シリコン技術の応用 ………………………… 60
　　談話室　容量を下げる …………………………………………… 62
　　　　4.2.4　多結晶シリコン応用微細化バイポーラトランジスタ ……… 63
　　　　4.2.5　超高速シリコンバイポーラトランジスタ特有の高速化構造 … 71
　　談話室　真性トランジスタ領域とコレクタ電流の流れる領域 ……… 71
　　4.3　SiGeバイポーラトランジスタ …………………………… 73
　　　　4.3.1　SiGe混晶組成比と不純物ドーピングプロファイル ……… 73
　　　　4.3.2　SiGeバイポーラトランジスタの構造 ……………… 75
　　　　4.3.3　電流成分と電流増幅率 ……………………………… 76
　　　　4.3.4　トランジスタ性能と高周波パラメータ …………… 76
　　談話室　シングルヘテロ接合とダブルヘテロ接合の遮断周波数特性の比較 … 77
　本章のまとめ ……………………………………………………… 78
　理解度の確認 ……………………………………………………… 78

5. 化合物半導体電界効果トランジスタ

 5.1 MESFET と HEMT ……………………………………… *80*
   5.1.1 MESFET と HEMT の構造の比較 …………………… *80*
 談話室 電子の速度オーバシュート ………………………… *84*
   5.1.2 HEMT の小信号等価回路解析 ………………………… *85*
 談話室 y パラメータの復習 …………………………………… *86*
 談話室 低雑音化の推移 …………………………………………… *88*
 5.2 InP HEMT ……………………………………………………… *89*
   5.2.1 InP を基板とする高 In 組成 HEMT ………………… *89*
   5.2.2 各種 HEMT の特性 ……………………………………… *93*
 5.3 高出力 PHEMT ………………………………………………… *94*
   5.3.1 高出力 PHEMT の構造 ………………………………… *94*
   5.3.2 高出力 PHEMT の特性 ………………………………… *96*
 本章のまとめ …………………………………………………………… *97*
 理解度の確認 …………………………………………………………… *98*

6. 化合物バイポーラトランジスタ

 6.1 GaAs HBT ……………………………………………………… *100*
   6.1.1 HBT の構造と電流成分 ………………………………… *100*
   6.1.2 HBT の小信号等価回路解析 …………………………… *103*
   6.1.3 AlGaAs/GaAs HBT と InGaP/GaAs HBT ………… *106*
 6.2 その他の HBT ………………………………………………… *108*
   6.2.1 InP HBT …………………………………………………… *109*
   6.2.2 ダブルヘテロ接合バイポーラトランジスタ …………… *109*
   6.2.3 グレーデッド・ベース HBT …………………………… *111*
 6.3 HEMT と HBT の比較 ……………………………………… *112*
   6.3.1 高周波雑音と $1/f$ 雑音 ………………………………… *112*
   6.3.2 投入電力密度とチップサイズ ………………………… *113*
   6.3.3 その他の総合的比較 ……………………………………… *114*
 本章のまとめ …………………………………………………………… *115*
 理解度の確認 …………………………………………………………… *116*

7. 超高速デバイスの基本回路とシステム応用

 7.1 ディジタル基本回路と性能 …………………………… *118*
   7.1.1 ECL 回路 ………………………………………… *118*
   7.1.2 DCFL回路とSCFL回路 ……………………… *121*
 7.2 超高速デバイスの性能比較 …………………………… *123*
 7.3 超高速光伝送用システムと回路 ……………………… *124*
 7.4 ミリ波を用いたシステムと回路 ……………………… *125*
 本章のまとめ ………………………………………………… *128*

8. その他の超高速デバイス

 8.1 Si LDMOSFET ………………………………………… *130*
   8.1.1 LDMOSFETの構造 …………………………… *130*
 談話室 地殻の構成元素 ………………………………… *131*
   8.1.2 LDMOSFETのマイクロ波出力特性 ………… *132*
 談話室 LDMOSFETがGSMで用いられる理由 …………… *133*
 8.2 ワイドギャップ高出力デバイス ……………………… *134*
   8.2.1 GaNとSiCの物性 ……………………………… *134*
 談話室 GaN ……………………………………………… *136*
   8.2.2 ワイドギャップ高出力デバイスの特性 ……… *137*
 本章のまとめ ………………………………………………… *140*
 理解度の確認 ………………………………………………… *140*

引用・参考文献 ……………………………………………………… *141*
理解度の確認；解説 ………………………………………………… *143*
索 引 ……………………………………………………… *145*

1 超高速デバイスと応用分野

　20世紀末頃より発展してきた情報通信技術の波は21世紀に入って一段と進歩し，社会構造や産業構造を変えつつある．使用される情報量や処理速度は日に日に向上している．膨大な情報や信号を高速・高密度で処理するためにはソフトウェアのほかにその状況に応じたハードウェアが必要であり，その最前線が超高速デバイスであるといえる．我々の日常生活で話題となるのは，携帯電話の電池寿命が短いとか，話中に電話が聞こえなくなるとか，ごく身近な電子機器の性能であるが，電子機器の中身や接続先のプロバイダなど直接には見えない世界で種々の性能が決まっていることが少なくない．例えば，携帯電話においては音声や画像信号の数百 Hz から数 MHz の信号を数 GHz の伝搬信号に変調して通信を行っているが，そのことに気づかずに製品を使いこなしている．

　本章では，超高速デバイスがどのような分野で使用されていて，我々の日常生活に結びついているかについて学ぶ．

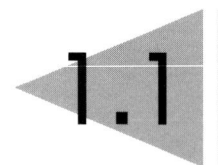

1.1 超高速動作電子機器とエレクトロニクス

現代社会においてどのような電子機器が我々の周囲で用いられているかを認識することは重要である。**表1.1**は，電子機器の種類，使用されている電子デバイス，周波数，特徴を示したものである。電子レンジのように電力が大きな電子機器には，電波の発信部にマグネトロンのような真空管が現在も使われている。また，半導体デバイスは日常使っているほとんどすべての電子機器に用いられており，電子機器の使い勝手をよくしたり電源やあらゆる機能をコントロールしたりしている。これらの電子機器の中では，比較的動作周波数の低い部分や演算処理をする部分は微細加工で性能を向上させた **MOS電界効果トランジスタ**（**MOSFET**：metal-oxide-semiconductor field-effect transistor）を用いた集積回路が用い

表1.1 電子機器の種類，電子デバイス，周波数，特徴

電子機器	電子デバイス	周波数	特　徴
車載レーダ	Gunn ダイオード AlGaAs/InGaAs HEMT	60〜100 GHz 60〜100 GHz	超高周波，低雑音 超高周波，低雑音
衛星通信中継 レーダ	IMPATT ダイオード	50〜300 GHz	超高周波，低効率
携帯電話 BS/CS 受信	GaAs FET AlGaAs/GaAs HEMT AlGaAs/InGaAs HEMT InGaP/InGaAs HEMT	十数 GHz 数十 GHz 〜100 GHz 〜100 GHz	やや安価 高周波低雑音 高周波超低雑音 高周波超低雑音
携帯電話	Si MOSFET IC Si バイポーラ IC SiGe HBT Si MOSFET AlGaAs/GaAs HBT InGaP/GaAs HBT	〜GHz 〜100 GHz 〜100 GHz 〜GHz 〜100 GHz 〜100 GHz	安価 安価 やや高効率，IC 化容易 安価 低位相雑音，単一電源 低位相雑音，単一電源
光伝送	Si MOSFET SiGe HBT InP HBT InAlAs/InGaAs HEMT	数十 GHz 〜100 GHz 〜100 GHz 〜数百 GHz	安価，1チップシステム 高効率，IC 化容易 高耐圧 高周波極超低雑音
各種通信	Si バイポーラ Si MOSFET	〜数十 GHz 〜数十 GHz	安価，アナログ高性能 安価，1チップシステム
無線 LAN	Si MOSFET IC Si バイポーラ IC InGaAs/GaAs HEMT GaAs MESFET InGaP HBT	〜数 GHz 〜数十 GHz 〜数十 GHz 〜数十 GHz 〜数十 GHz	安価 安価 高耐圧 高耐圧，安価 高耐圧，単一電源

られている．しかし，MOSFET 集積回路で処理できない周波数が非常に高い領域には，超高速・高周波半導体デバイスとして，バイポーラトランジスタや**化合物半導体**（compound semiconductor）を用いた FET などが用いられている．これらの半導体デバイスは，機能性や動作周波数領域によってその特徴を生かして応用されている．

図1.1 は，周波数帯と使用できる半導体デバイスとの関係を示したものである．音の周波数帯から数 GHz 程度までは，シリコンバイポーラトランジスタとシリコン MOSFET が用いられている．この領域におけるバイポーラトランジスタと MOSFET の使い分けは，おおよそアナログ機能を優先する電子機器がバイポーラトランジスタを主に用いるのに対し，ディジタル処理や低消費電力性を優先する電子機器は MOSFET を用いるのが一般的である．

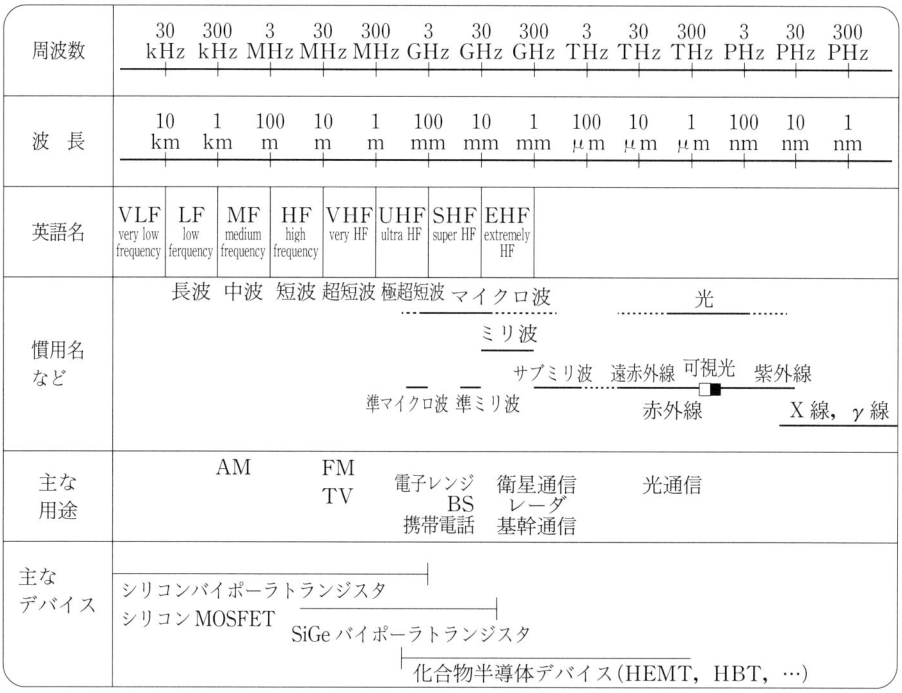

図1.1 周波数帯と使用できる半導体デバイスとの関係

約 1 GHz 以上からはいろいろな半導体デバイスが使用されている．約 5 GHz 程度まではシリコンバイポーラトランジスタとシリコン MOSFET に加え，**HEMT**（high electron mobility transistor，**高電子移動度トランジスタ**）や **HBT**（heterojunction bipolar transistor，**ヘテロ接合バイポーラトランジスタ**）などの化合物半導体デバイスも使われている．化合物半導体デバイスはシリコン半導体デバイスよりも集積性は劣るが高速性と高周波動作に優れており，周波数の高い領域での信号の増幅，発振，信号処理などに用いられている．どの領域で使用するかを決定する要因は，デバイス自身が持つ機能とコストによってい

る．更に，携帯機器では低消費電力性が最も重要であると同時に，電子機器の全システムをできるだけ少ない半導体チップ数で実現できることが鍵となっている．

1.2 超高速デバイスの種類と進歩

半導体デバイスは，1947年にショックレー（W. B. Shockley），ブラッテン（W. Brattain），バーディーン（J. Bardeen）によってトランジスタが発明されて以来55年以上の歴史がある．図1.2に半導体デバイスの開発の歴史，主なブレークスルー技術を示す．

最初に電子機器に応用されたデバイスはバイポーラトランジスタである．シリコンMOSFETは，低消費電力の特徴を生かして1970年頃に爆発的に市場に出回った電子式卓上計算

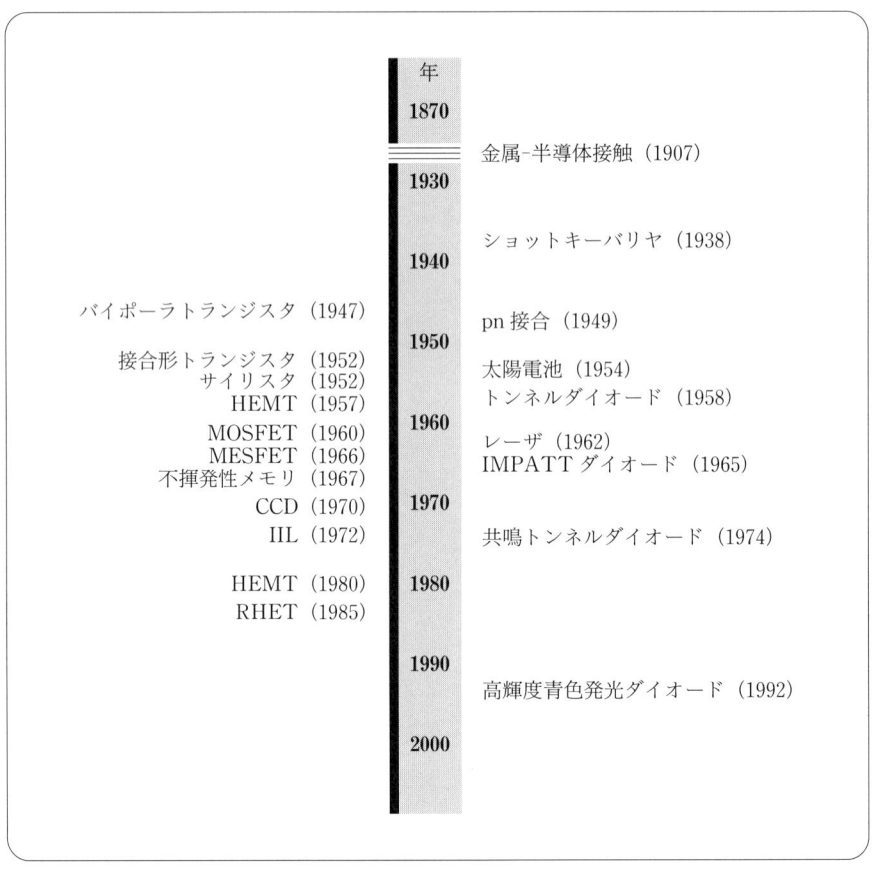

図1.2 半導体デバイスの開発の歴史，主なブレークスルー技術

機（電卓）への応用によって発展した．また，シリコンバイポーラトランジスタは大形汎用コンピュータへの応用が最も高速性を要求されており，一方，より低い周波数帯ではアナログ・ディジタル機器へ応用されていた．化合物半導体デバイスは，1966年に **MESFET** (metal-semiconductor FET) が発明されて以来，その高移動度の特徴を生かし高速動作用の半導体デバイスとして使用されてきた．しかし，Si MOSFETを用いてシステムが1チップ上に集積可能となってから，個別半導体デバイスで高速性と高機能を実現するか，1チップで高速・高機能を実現するかが問題となってきた．集積度が低くて高速なデバイスを用いてシステムを構築してもチップ間の信号遅延により全体としては遅いシステムとなってしまう可能性があるからである．どのような電子機器においても機能を満足させるための最適なデバイス選択が望まれている．

1.3 半導体デバイスの応用分野と集積度

　電子機器のシステムを構築するには数多くの半導体デバイス・集積回路が必要である．半導体デバイスは年々微細化と高速化が実現されており，システム全体をどのようなデバイスで構成するかが重要となる．そのため動作速度の観点からだけではその特徴を述べることができない．**図 1.3**は半導体デバイスの集積度と動作周波数の観点からみた応用分野をまとめたものである．Si MOSFETが最も集積度が高く，それを生かして数多くの機器へ応用されている．**メモリ**と**マイクロプロセッサ**は年々高密度化と高速化が達成されている．シリコンデバイスの高速化は微細化が基本である．すなわち，微細化による負荷容量の低減効果とその容量に蓄積された電荷量を充放電する電流の増加によって高速化がなされている．しかし，デバイスを小さくし集積度を向上させるとチップ当りの電力が増加し放熱できなくなるため，集積度，速度，消費電力の最適設計が重要となる．

　Si MOSFET以外は集積度があまり高くないが，高速・高周波動作では優れており，動作周波数の高いデバイスは集積度が低い．シリコンゲルマニウムヘテロ接合バイポーラトランジスタ（SiGe HBT）はある程度の集積度と高速性に優れている．また，化合物半導体デバイスは集積度が低いが高速性は最も優れているといえる．このことは，デバイスの高速性はデバイスの種類と材料に大きく依存しているということである．MOSFETが基板表面と平行に電流を流して動作させるのに対し，バイポーラトランジスタは基板表面と垂直方向に電流を流して動作させる．そのため，電流を流せる面積を広く形成できる構造が設計できる

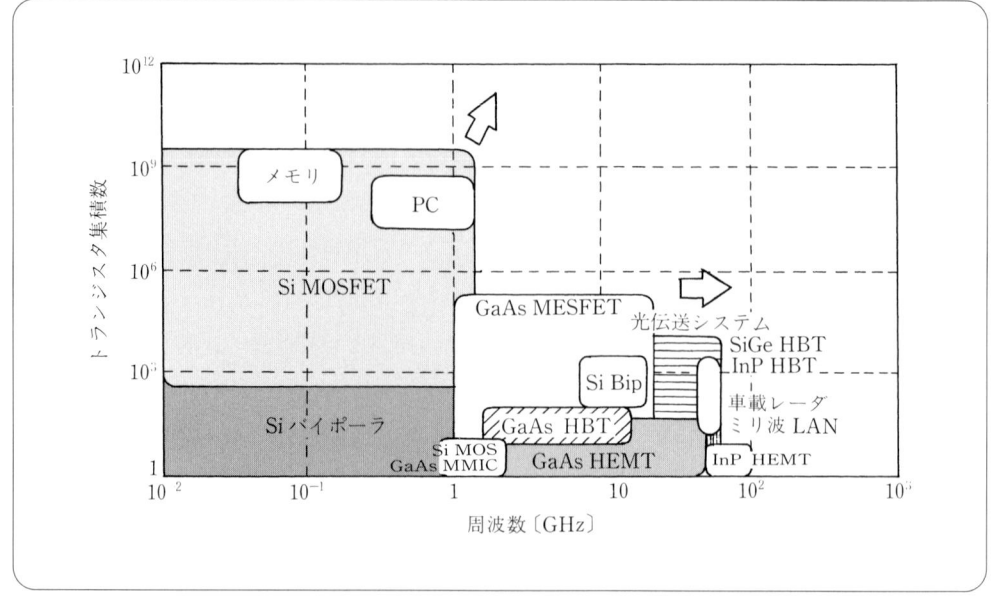

図1.3 半導体デバイスの集積度と動作周波数の観点からみた応用分野

ため負荷容量の高速充放電が可能となっている．また，化合物半導体は移動度がシリコン半導体に比べて高いのでこの性質を上手に使用したデバイス構造となっている．更に，化合物半導体デバイスは半絶縁性基板上に形成されていることが多く，余分な寄生容量を減少させており高速動作が可能となっている．しかし，移動度の高いn形不純物層の固溶度がシリコン半導体に比べて低いので低抵抗化には面積を必要とする．そのため，デバイスの面積の縮小が困難となり高集積には不向きとなっている．

電子機器，例えば携帯情報機器は

① 高周波入出力回路
② 周波数変換回路，周波数シンセサイザ
③ 変復調回路
④ A-D（アナログ-ディジタル）変換器，D-A（ディジタル-アナログ）変換器
⑤ 記憶・制御・演算プロセッサ
⑥ ビデオ，データ，音声回路

のような回路構成で作られている．このなかで集積度の最も高い回路は記憶・制御・演算プロセッサ回路である．できるだけ小さく機器を実現するためにはこれらの回路が一つの集積回路で構成されていることが望ましい．しかし，最も集積度の大きなMOSFETではデバイスの周波数特性のために超高速動作は不可能といえる．そのため，デバイスの最大動作周波数，消費電力，耐圧などの特徴で回路構成デバイスを分割する必要がある．図1.4は携帯

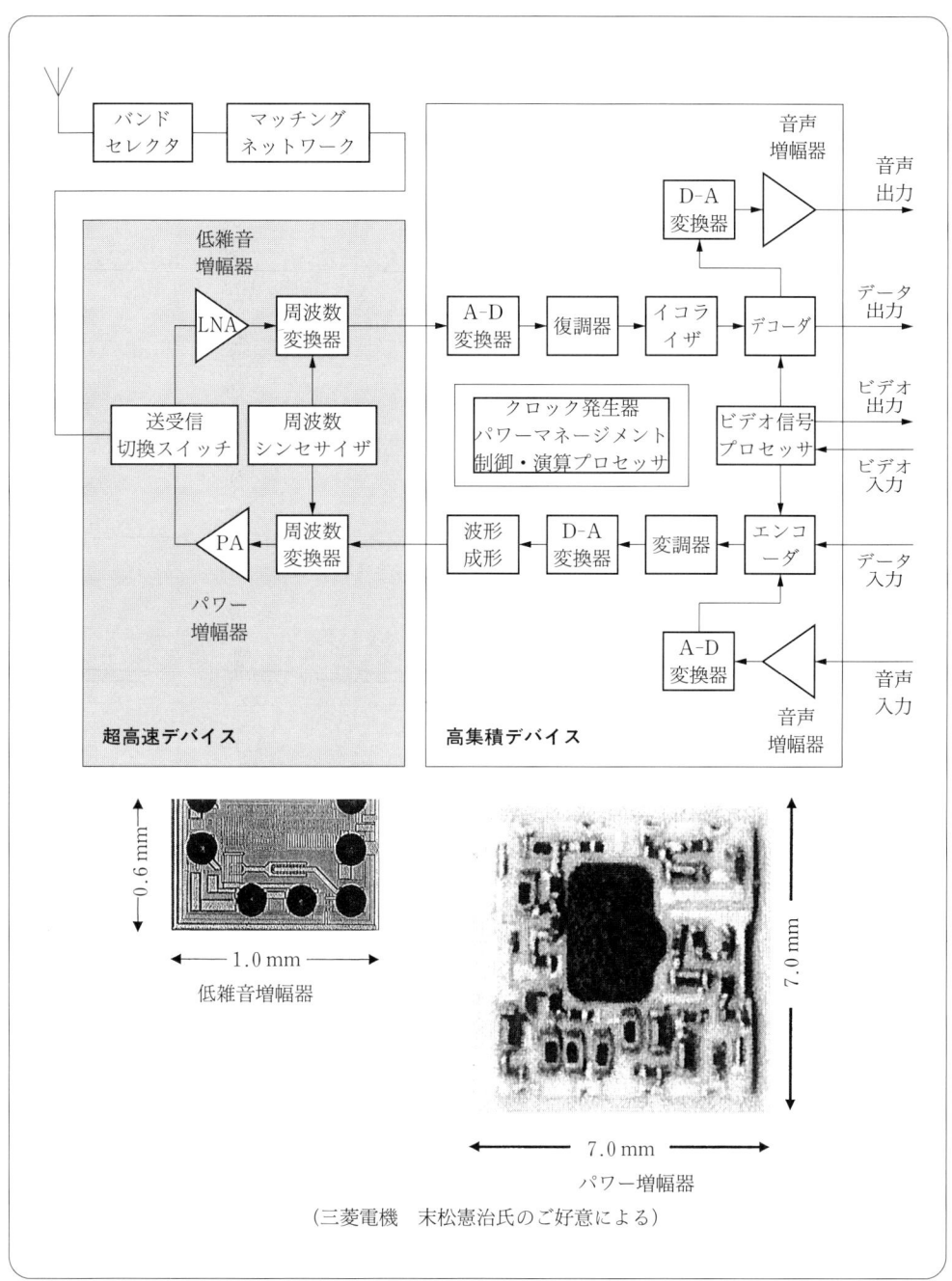

図1.4 携帯機器に用いられる超高速デバイスの応用例とシステム

機器に用いられる超高速デバイスの応用例とシステムを示したものである．

超高速デバイスは，高周波を主に取り扱う回路に用いられ[1]†，また，高集積デバイスは

---

† 肩付き数字は，巻末の引用・参考文献の番号を表す．

信号処理に用いられる．高周波低雑音増幅器や低ひずみ・高効率パワー増幅器などは，高周波特性に優れた化合物半導体デバイスが用いられる場合が多い．周波数変換回路は周波数シンセサイザの信号を用いて高周波信号を低周波数に，またはその逆に変換する回路である．高周波信号と低周波信号の双方を扱うことになり，集積規模も高周波入出力回路に比べて高くなる．そのため，シリコン半導体デバイスのMOSFETやバイポーラトランジスタが用いられる場合が多い．低い周波数に変換された信号は集積度の高いMOSFETで処理されるのが一般的であり，我々が携帯機器の直接認識できる機能，すなわち，多くのソフトウェアがインストールできるとか，検索機能が充実しているとかの機能は，ここに用いられている集積回路の性能に依存している．また，表示デバイスや音声入出力デバイスのほかに，フィルタやスイッチなども用いられている．

　携帯機器はより小さく，軽く，消費電力が小さいほうが便利である．表示デバイスや音声デバイスなどの面積は別として，電子デバイスの個数を少なくかつ小さくしたほうが性能は向上する．すなわち，個別の電子デバイスでシステムを構築すると面積が大きくなるばかりでなく各端子に接続される不要な容量や抵抗が存在し消費電力も増加する．そのため，できるだけ電子部品点数を少なくし，できればシステムを大きな集積回路一つで構築することが望ましい．高周波入出力増幅器，周波数変換回路，ディジタルフィルタをMOSFETで作り，システムを一つの集積回路で実現すれば，信頼性も向上し性能向上が実現できる．どのデバイスがどの機能に適しているかは具体的にシステム設計をしないと不明な点も多い．

本章のまとめ

❶ 電子機器の種類と特徴　　化合物半導体デバイス，シリコン半導体デバイス
❷ 超高速デバイスの種類　　HEMT，HBT，シリコンバイポーラトランジスタ
❸ 半導体デバイスの応用分野と集積度の関係
　　　超高速デバイス：集積度が低い．高周波回路，入出力回路
　　　高集積デバイス：集積度が高い．記憶・制御・演算プロセッサ，ディジタル回路，MOSFET

●理解度の確認●

問1.1　半導体デバイスの種類を列挙せよ．
問1.2　身近な製品を例に挙げ，どの半導体デバイスがその中のどの機能をつかさどっているかを示しその特徴を述べよ．

2 超高速デバイスの構造とその特徴

　トランジスタは入力端子に入る電気信号を出力端子で取り出す3端子デバイスであり，バイポーラトランジスタと電界効果トランジスタとに分けられる．超高速動作を実現するためにはできるだけ多くの出力電流を効率よく取り出せることが重要である．更にトランジスタ自身の持つ寄生容量や直列抵抗ができるだけ小さく形成されており，同一電流でも時定数の小さな構造となっている．

　本章では，超高速バイポーラトランジスタと電界効果トランジスタの構造とその特徴について学ぶ．

2.1 トランジスタの動作と飽和速度

2.1.1 移動度と飽和速度

電子と正孔は帯電した粒子であるため,半導体内部に電界が存在すると,その電界による力を受けて移動する.粒子の受ける電界をドリフト電界という.電子はドリフト電界のベクトルと逆方向に,また正孔はドリフト電界のベクトル方向へ加速される.すなわち

$$v = \pm \mu E \tag{2.1}$$

であり,v は粒子のドリフト速度,E はドリフト電界,比例定数 μ は粒子の**移動度**(mobility)である.なお,符号は電子及び正孔の速度方向を表している.代表的な半導体材料について,電子のドリフト速度と電界との関係を**図 2.1** に示す.

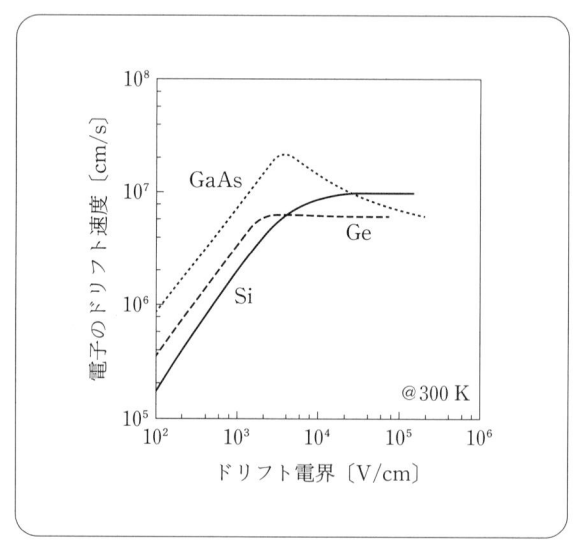

図 2.1　Si,Ge 及び GaAs の電子のドリフト速度と電界との関係

いずれの半導体材料ともドリフト電界が弱いときには式(2.1)のように電子及び正孔のドリフト速度はドリフト電界に比例して増加するが,ドリフト電界が強くなるとやがて飽和する.Ⅲ-Ⅴ族半導体 GaAs のように飽和する前に**飽和速度**(saturation velocity)よりも大きな速度を示す材料もある.式(2.1)より明らかなように,低電界でのドリフト速度の相違

は移動度の相違であり，n形シリコンに比べてn形GaAsは1桁ほど移動度が大きい．また，一般に電子のほうが正孔の移動度よりも大きい．ドリフト電界が約 10^5 V/cm[†] 以上になると，半導体材料による飽和速度の相違は2〜3倍程度の値となる．最近の微細化デバイスでは飽和速度の影響を無視できなくなっており，粒子の移動する距離が長いデバイスであれば飽和速度が高くても高速動作の妨げとなる．

図2.1に示したドリフト速度は，半導体材料の不純物濃度が非常に低い場合の真性半導体での値である．しかし，移動度は半導体の材料，電子と正孔，また粒子の流れる半導体内部の不純物濃度によって複雑に変わる．**図2.2**は電子及び正孔移動度の不純物濃度依存性を示したものである．不純物濃度が高いとそれによる散乱が大きくなるために移動度が低下する．また，よく用いられている半導体材料では室温より温度を下げると結晶格子の熱振動が減少するために移動度が増加し，逆にある温度より低温では不純物散乱が顕著となり移動度は減少する．詳しくは**3.1.1**項で学ぶことにする．

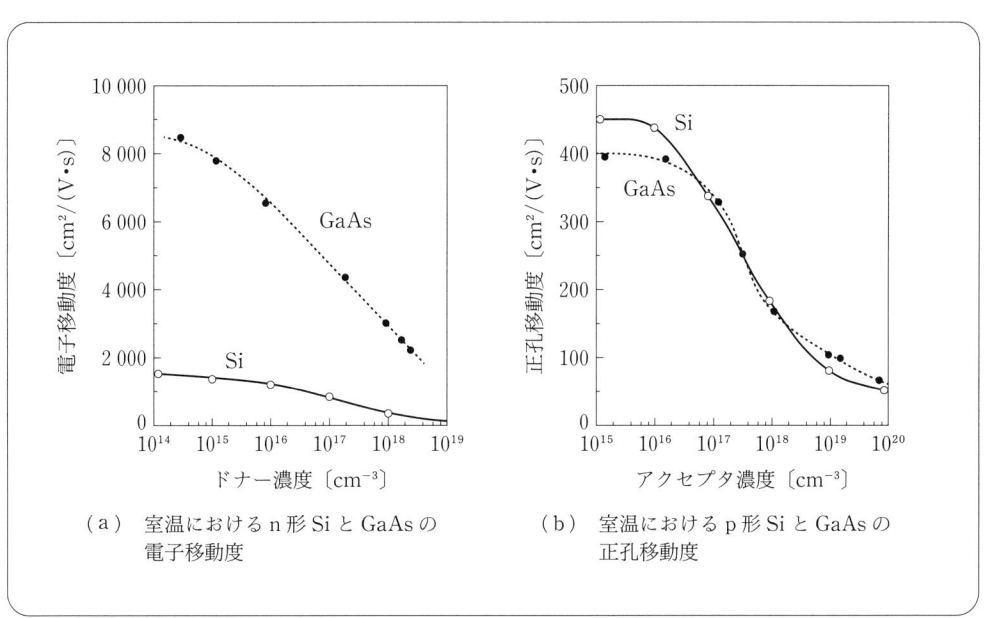

(a) 室温におけるn形SiとGaAsの電子移動度

(b) 室温におけるp形SiとGaAsの正孔移動度

図2.2 Si，GaAs中の電子及び正孔移動度の不純物濃度依存性

2.1.2 超高速デバイスに印加される電界

トランジスタを高速動作させるためには移動度が高くドリフト速度が大きな半導体材料を用いることは重要であるが，同時に，要求される耐圧を満たしながら電子及び正孔の到達距

[†] 通常，単位はSI系を用いるべきであるが，半導体や電子デバイスの分野では慣用的にcgs系が用いられることが多いので，本書でも原則としてこれに準ずることにする．

離を短くすることが大切である．

超高速デバイスの中でどのような電界中で電子及び正孔が移動しているかを理解するために，図2.3に示す超高速デバイスモデルの内部電界を考えてみる．

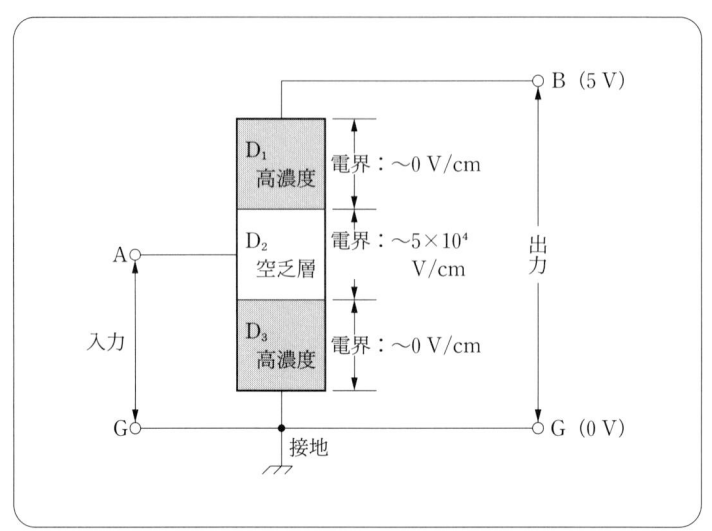

図2.3 超高速デバイスモデルの内部電界

電流を取り出す出力端子は内部抵抗をできるだけ減少させるために不純物高濃度層で形成されている．また，デバイス内部には不純物濃度勾配やpn接合が存在するために空乏層がある．この構造において出力端子Bに取り出される電子または正孔電流の速度を考える．電流は出力端子BよりGへ流れるものとする．簡単のために各領域の寸法を$1\mu m$（マイクロメートル，通称ミクロン）とし，出力端子Bに印加される電圧を5Vとする．不純物高濃度層D_1，D_3は低抵抗であるため電圧降下が少なく，出力端子電圧は空乏層D_2に印加されるため電界は5×10^4V/cmとなる．この電界強度では電子及び正孔は飽和速度になっている．すなわち，電子及び正孔は低抵抗層ではその不純物濃度での移動度の値を持って移動するが，空乏層中では飽和速度で動いている．出力端子BよりGまでの距離を電子または正孔が移動する時間がデバイスの速度を決めているとすると，その時間は不純物高濃度層D_1-空乏層D_2-不純物高濃度層D_3の各領域を通過する電子または正孔の速度で各領域の距離を除した値の総和で決定される．

その結果，超高速デバイスではどのようにドリフト電界がデバイス内部に印加されているか，また，その距離はどの程度であるかが最も重要で，ただ単に移動度や飽和速度が大きい半導体材料が高速性を発揮するデバイスを形成できるとは限らない．

2.2 真性トランジスタと寄生デバイス

　半導体デバイスは，一般に半導体内部に pn 接合，ヘテロ接合，絶縁膜を用いて形成され，更に半導体上部に金属電極などの配線領域がある．入力端子，出力端子として，バイポーラトランジスタではエミッタ，ベース，コレクタの各領域，電界効果トランジスタではソース，ゲート，ドレーンの各領域が形成されている．入力および出力電流が流れるいわばトランジスタ本来の増幅などの動作を担っている領域を**真性トランジスタ**（intrinsic transistor），または**真性領域**という．また，真性領域以外のトランジスタ領域を寄生領域といい，寄生領域で形成される抵抗や容量を**寄生デバイス**（parasitic device）という．

　図 2.4 は，超高速デバイスの真性領域に付随する寄生デバイスを示したものである．超高速デバイスでは，真性トランジスタに流れる電流を高速に出力電流として取り出す必要がある．しかし，図に示すように pn 接合間容量や対基板容量，また直列抵抗などの寄生デバイスの影響により出力電流の応答速度は低下する．そのため，これらの寄生デバイスを最小限に形成させなければならない．真性トランジスタ形成に必要な pn 接合や分離絶縁膜また電極などを形成すると寄生デバイスが同時に形成される．どの領域にどのような寄生デバイスが形成されるかについては 4 章以下で詳しく学ぶが，できるだけ寄生デバイスの数値を少なくすることが肝心である．

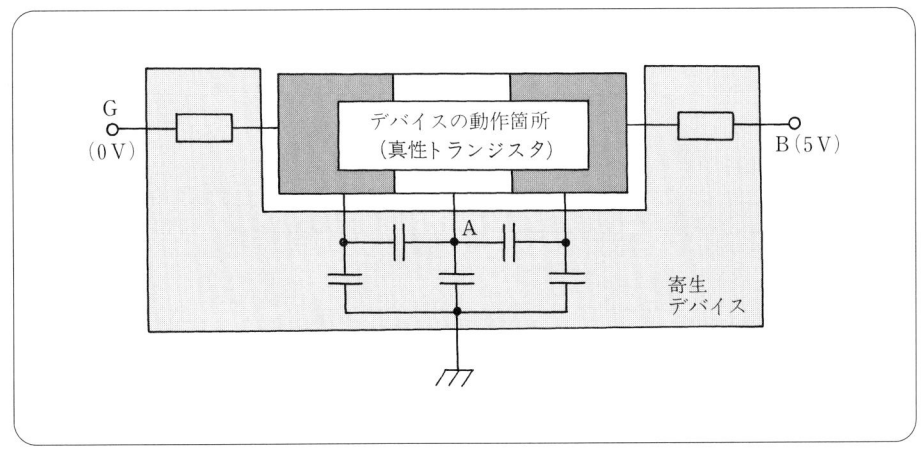

図 2.4　超高速デバイスの真性領域に付随する寄生デバイス

2.3 超高速デバイスの構造

　半導体デバイスは，前節までに述べたように真性トランジスタ部分と寄生デバイス部分とに分けられる．真性トランジスタは電流駆動能力が高く，また寄生デバイスは容量が小さくまた直列抵抗値の小さなことが望ましい．そのため，超高速デバイスでは以下のような構造を採っている場合が多い．

① デバイスの全体積に比べ真性トランジスタ部分の比率を大きく形成している．
② 自己整合技術を用いて寄生デバイス部分をできるだけ小さく形成している．
③ 絶縁性基板または半絶縁性基板を用いて寄生デバイスの容量を小さくしている．
④ 特殊な金属やシリサイドを用いて接触抵抗や直列抵抗を減少させている．
⑤ トランジスタの理想形に近い構造をしている．
⑥ トランジスタ寸法や配線寸法を小さく形成している．
⑦ 配線容量をできるだけ小さくなるように設計している．
⑧ 動作周波数においてインピーダンス整合をとっている．

　具体的には，図2.5(a)に示すようにバイポーラトランジスタでは，トランジスタの真性領域を酸化膜中に埋め込んだ構造で，ベース電極が酸化膜上に形成されてコレクタ－ベース間容量を減少させた構造となっている．そのため，真性トランジスタの比率が大きくなり，寄生デバイスの容量を充放電する時間が短くなる．更に，直列抵抗部分にシリサイドや多結晶シリコンを応用するなど，低抵抗化して時定数を短くしている．

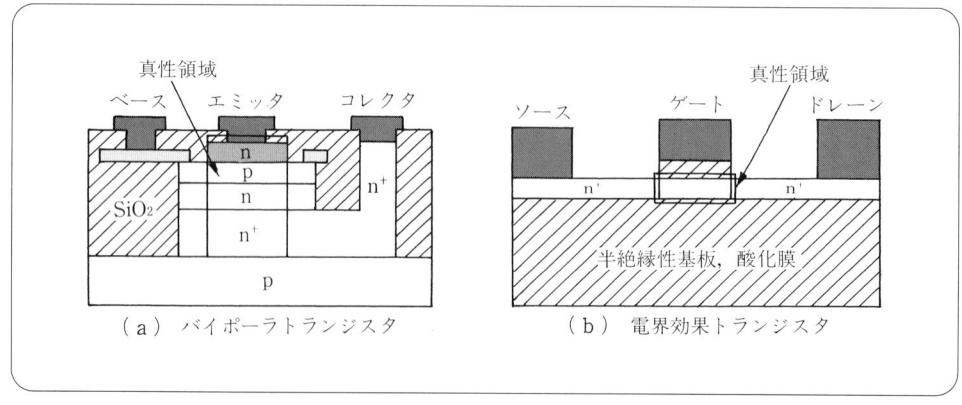

図2.5　超高速デバイスの構造

また，図(b)に示すように，電界効果トランジスタでは，酸化膜上にデバイス全体を形成したり，半絶縁性基板上にデバイスを形成しソース及びドレーン容量を減少させている．基板をこのように絶縁性物質で形成するとデバイスから引き出している電極の寄生容量も下がるため一石二鳥の効果がある．更に，高出力デバイスでは，ボンディングパッドのような外部信号取り出し電極も寄生容量が少なくなるため，高速化への寄与は大きい．また，ヘテロ接合を利用し電子と正孔の注入差や二次元電子ガスを応用し，真性トランジスタの性能を向上させたデバイスもある．

☕ 談 話 室 ☕

抵抗を下げる　平面方向の寸法を小さくすると垂直方向の抵抗値が上がってしまう．高速化にとって抵抗値の上昇は時定数 CR を増加させるため，微細化して性能を向上させようとしても効果が半減する．接触抵抗は接触面積に反比例するので微細化による抵抗値増加は避けられないが，接触表面の不純物濃度を上昇させたりシリサイド層のような合金層を形成させて抵抗値上昇を緩和するのが一般的である．すなわち，新材料を用いて多層膜を作り接触抵抗を下げる工夫をしている．しかし，酸化膜に微細コンタクト穴を形成すると酸化膜の膜厚は薄くできない場合が多いので，縦寸法が細長い形状となって結果的には抵抗が上昇することとなる．これを防ぐ方法としてT形構造がある．図 2.6 に示すように，バイポーラトランジスタの微細エミッタでは，エミッタ領域から取り出された多結晶シリコン層はT形構造を作ることによって抵抗値を下げて

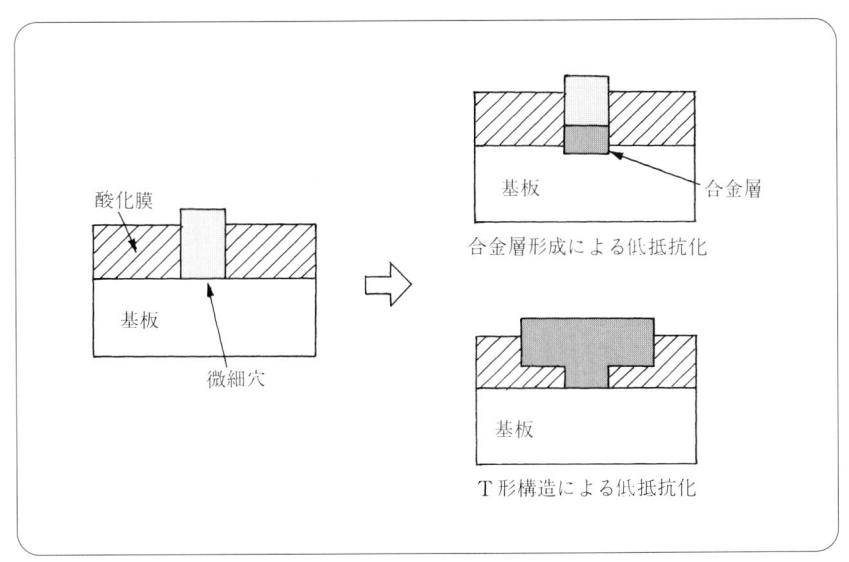

図 2.6　低抵抗化

いる．T形構造は多結晶層を用いるのみでなく，選択エピタキシアル層で作る場合も多い．このようにすることによって縦方向の抵抗値上昇を防いでいる．

同様な方法は電界効果トランジスタのゲート電極でも用いられている．微細ゲート幅では抵抗値上昇のためにやはり時定数 CR が上昇するし高速化の妨げになることがある．T形ゲート構造を採用することによって抵抗値上昇が防げる．

2.4 高速デバイス設計の指針

高速デバイスの設計に関しては，まず本来のデバイスの動作をする真性領域の速度を向上させるべきである．真性領域は寄生領域と単純には区別できないので，どこが本当の真性領域かを見つける必要がある．そのためには，電流がどこに主に流れているかをシミュレーションする必要がある．図 2.7 は，バイポーラトランジスタと FET において電流が流れる領域をシミュレーションにより描いたものである．流れる領域は動作電流値や印加電圧によって異なってくる．

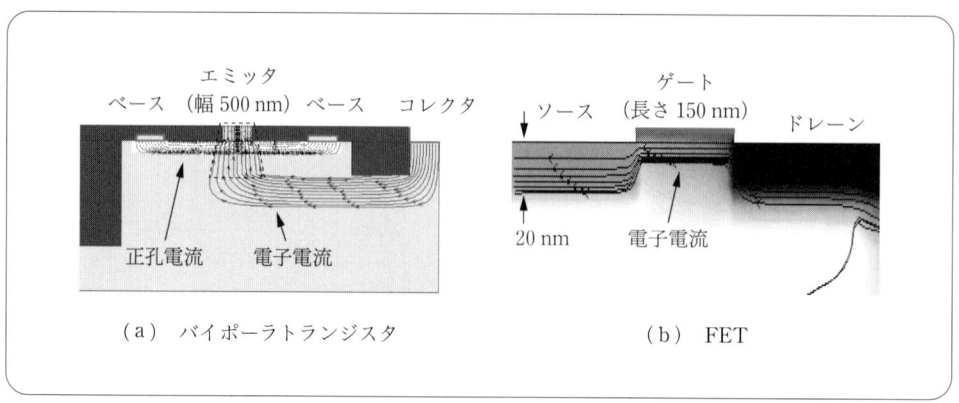

(a) バイポーラトランジスタ　　(b) FET

図 2.7　超高速デバイスに電流が流れる領域†

バイポーラトランジスタでは，低電流領域ではエミッタ直下に主に電子電流が流れているが，電流値を増加するとエミッタ直下よりも広がってくる．高速性能は一次近似として

---

† ISE TCAD シミュレータ，アイ・エス・イー・ジャパン(株)．

$$時間 = \frac{容量}{電流} \tag{2.2}$$

と表されるので，最大出力電流時に流れる領域が真性領域とみなすことができる．図2.7では，□で囲んだ領域が真性領域ということができる．そのため，その領域以外は寄生領域となる．ベース内部に注入された電子は，拡散によりコレクタ領域へ到達するが，コレクタ領域ではコレクタ電界によって加速されて電極へと到達する．エミッタ内，ベース内，コレクタ内の各走行時間の和で速度が決定される．そのため，詳細の高速設計は各走行時間を見積もる必要がある．

　FETは，線形領域と飽和領域での動作特性が異なっている．すなわち，線形領域ではゲート直下がチャネル領域となっており，ドレーン電圧が低いので電荷の加速電界は小さい．これに対し飽和領域では電荷が移動度で走行するチャネル領域と飽和速度で移動する空乏層領域がある．図はnチャネルFETの飽和に近い領域での電子の分布を示したものである．図に示すように，電荷が走行するチャネルと空乏層領域を真性領域とみなすことができる．ソース-ドレーンの下部は完全に寄生領域であり，また，ゲートとのオーバラップ領域も寄生領域であることが分かる．

　次章以降に学ぶが，半絶縁性基板を用いた化合物半導体FETは，ソース-ドレーン直下とチャネル下の寄生領域の容量が非常に小さい．そのため，ソース-ドレーン領域と電極との接触抵抗を低減する目的でソース-ドレーン領域を大きく形成しても寄生容量は増加しないので高速特性が達成可能となっている．一般に化合物半導体材料はシリコン半導体材料よりも高濃度化・低抵抗化が不利であり，半絶縁性基板を用いる利点は大きい．これに対し，シリコン半導体FETでは，ゲートの微細化と同時にソース及びドレーン領域をできるだけ小さく形成することで高速化がなされている．更に，ソース-ドレーン領域の浅接合化によるシート抵抗上昇を抑えるために高濃度シリコン層をソース-ドレーン領域上へ堆積したりシリサイド層を形成して接触抵抗を下げている．

本章のまとめ

❶ 超高速デバイスに印加される電界と移動度，飽和速度
❷ トランジスタの動作における真性トランジスタと寄生デバイスの役割
❸ 超高速デバイスの構造と特徴
❹ バイポーラデバイスとFETデバイスの動作の特徴と高速性能を達成させるための構造

●理解度の確認●

問 2.1 Si,GaAs 半導体基板の長さが 100 nm の両端に 1.5 V の電圧が印加されているときの飽和速度を求めよ．

問 2.2 シリコン FET デバイスのゲート長 100 nm の両端に 1.5 V の電圧が印加されている．ゲート直下のソース端子より 50 nm までは電圧が 0.01 V で，ソース端子より 50 nm からドレーン端子までは電圧 1.49 V が印加されているとすると，それぞれの飽和速度を求めよ．

問 2.3 ヘテロ接合バイポーラトランジスタの真性トランジスタと寄生デバイスを図示せよ．

問 2.4 問 2.3 において，エミッタ横方向寸法 $0.5\,\mu\mathrm{m}$，横方向ベース寸法 $3\,\mu\mathrm{m}$ のときの真性トランジスタ及び寄生デバイスのコレクタ-ベース容量を求めよ．ただし，トランジスタの縦方向寸法は $1\,\mu\mathrm{m}$ とする．

問 2.5 問 2.4 において，寄生領域を厚さ $1\,\mu\mathrm{m}$ の酸化膜に置き換えたときの寄生デバイスのコレクタ-ベース容量を求めよ．

3 超高速デバイス用材料と製造技術

　デバイスの超高速化は，半導体材料の物性に大きく依存するため的確な材料の選択が必要である．次に，いかに微細な構造を形成し，また，寄生抵抗や寄生容量などの成分を抑制してデバイスの持つ性能を引き出すことが大切である．

　本章では，超高速デバイス用材料とその結晶成長技術，及び浅接合などの超高速化に必要となる技術について学ぶ．

3.1 III-V族化合物半導体の物性とヘテロ接合

　GaAs に代表される III-V 族化合物半導体は，現在の電子デバイス用半導体の大部分を占める Si に比べ同じ電界における電子の速度が高いという特徴があり，Si では達成困難な超高速領域での使用や低雑音特性を要求するデバイスに用いられる材料である．本節では III-V 族化合物半導体の物性とヘテロ接合について学ぶ．

3.1.1 III-V族化合物半導体の物性

〔1〕 III族元素とV族元素の組合せとドーパント元素

　III-V族化合物半導体（III-V compound semiconductor）は，III族元素とV族元素を1：1のモル比で化合させて作ることができる．III-V族化合物半導体の結晶を作る方法として，二つのグループに大別される．

　一つ目のグループは，大きな結晶のかたまり（バルクという）を作る方法であり，**引上げ**（**LEC**：liquid encapsulated Czochralski）**法**や**水平ブリッジマン**（**HB**：horizontal Bridgeman）**法**などがある．このバルク結晶をスライスしたのちに鏡面研磨して作製したものを基板と呼ぶ．

　二つ目のグループは，この基板上に結晶軸をそろえてナノメートル（nm）からマイクロメートル（μm）オーダの薄い結晶層をエピタキシアル成長する方法で，次節において解説する．

　III族元素とV族元素の組合せは，図 3.1 の周期律表から分かるように単純に 5×5＝25 通りあることになるが，超高速デバイスに利用できる組合せは限られている．

　また，複数のIII族元素やV族元素を組み合わせることができる．例えば，III族元素に Ga と In を，V族元素に As と P を組み合わせれば InGaAsP という四元混晶を作ることができる．このときIII族元素の合計とV族元素の合計のモル比は 1：1 でなければならない．混晶の利用により多くのバリエーションが生まれ，いろいろな電子デバイスや光デバイスを作ることができる．ドーピングによる p 形半導体や n 形半導体の導電性制御も可能で，微量のII族元素を添加してIII族元素の一部と置き換えることにより p 形の導電性を得ることができる．同様にVI族元素をドーピングしV族元素と置き換えることで n 形の導電性を得る

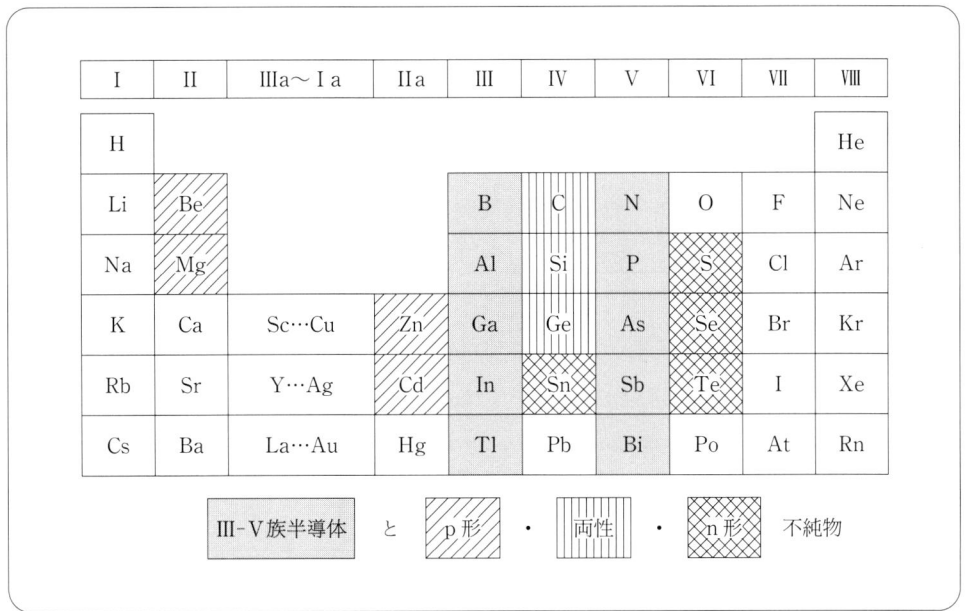

図 3.1　周期律表で見るⅢ-Ⅴ族化合物半導体とドーパント

ことができる．Ⅳ族元素もドーパントとして用いられており，母体となる半導体やドーピングする際の条件によってn形にもp形にもなり得る．このようなものを**両性不純物**という．

〔2〕　禁制帯幅と格子定数

　Ⅲ-Ⅴ族化合物半導体は，GaN などの窒化物を除いてほとんどセン亜鉛構造という立方晶の結晶構造になっている．**図 3.2** は，各種のⅢ-Ⅴ族化合物半導体の**格子定数**（lattice con-

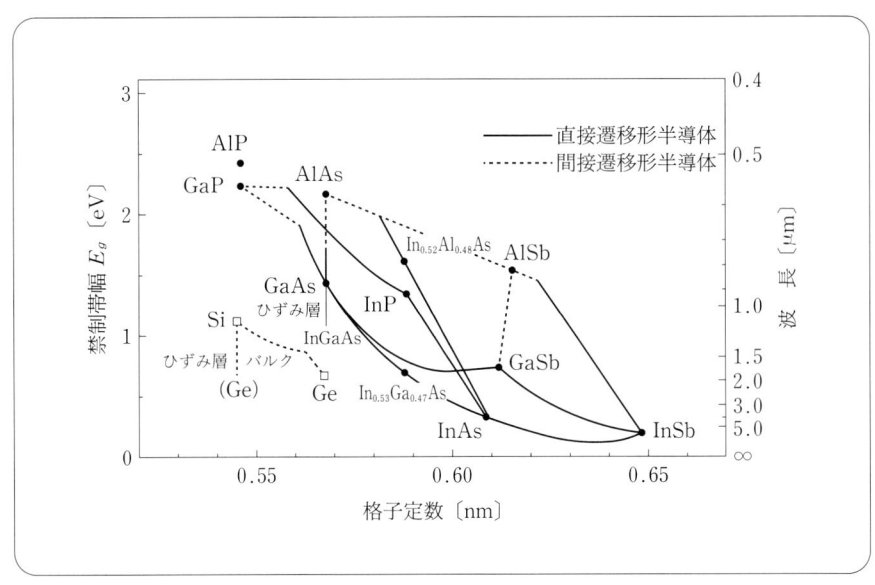

図 3.2　各種のⅢ-Ⅴ族化合物半導体の格子定数と禁制帯幅との関係

stant）と禁制帯幅との関係を示したもので，重い元素の組合せのものほど格子定数が大きく禁制帯幅が小さい傾向がある．

後述のように異なる半導体を積層して用いる場合は，互いに格子定数がほぼ一致しているものを選ぶ必要がある．例えば，AlAs と GaAs は格子定数が極めて近いため任意の組成（混晶している AlAs と GaAs の各割合のことで，合計が 1 となる）の $Al_xGa_{1-x}As$（x を AlAs の組成比と呼ぶ）層を GaAs 基板上に積層できる．これによりいろいろな高速トランジスタや半導体レーザが実現できている．

格子定数が異なる材料も混晶にすることで組合せが可能となる．例えば，InP 基板上には，InAs を 53％と GaAs を 47％混ぜた $In_{0.53}Ga_{0.47}As$ が格子整合（lattice matching：格子定数が一致すること）して結晶成長でき，同様に $In_{0.52}Al_{0.48}As$ も InP に格子整合するため，この二つの混晶を積層した半導体材料も各種デバイスに応用されている．なお，実線と破線は次ページ以降に述べる直接遷移形半導体と間接遷移形半導体に対応している．

〔3〕 Ⅲ-Ⅴ族化合物半導体の電子移動度

半導体に電界を加えると電子や正孔などの自由な荷電粒子がドリフトする．おおむね 1 kV/cm 以下の低電界領域ではドリフト速度が電界強度に比例する．この領域における速度〔cm/s〕と電界〔V/cm〕の比を**移動度**〔cm²/(V·s)〕と呼ぶ．ほとんどの半導体で，電子移動度は正孔移動度より高いため，これからは電子移動度を中心に考える．

図 3.3 は，各種半導体の電子移動度と禁制帯幅との関係を示したものである．一般的傾向

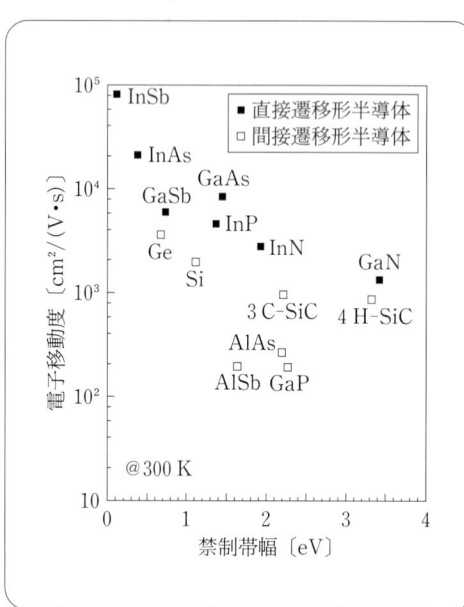

図 3.3　各種半導体の電子移動度と禁制帯幅との関係

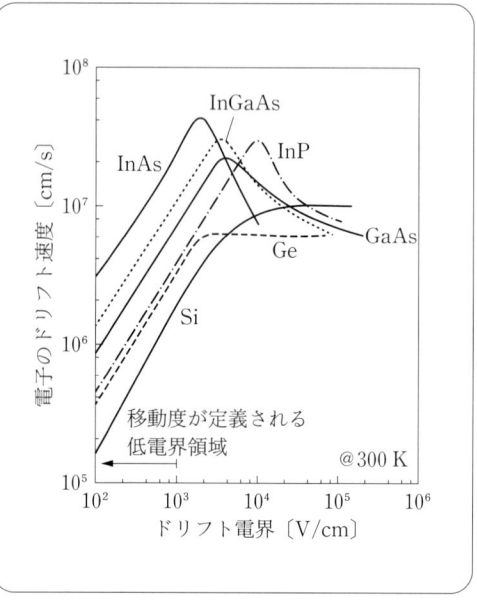

図 3.4　各種半導体の電子のドリフト速度と電界との関係

として，同じV族元素を有する化合物半導体の場合，III族元素が重いほど禁制帯幅が小さく，電子移動度が高い（例：AlAs → GaAs → InAs）．また，同じIII族元素の場合も同様である（例：InP → InAs → InSb）．

これより電界の高い領域では電子のドリフト速度はどのようになるであろうか．図3.4は，図2.1に各種化合物半導体のデータを追加して示したものである．SiやGeのような単元素半導体は電子のドリフト速度が単調に飽和するのに対し，この図に記載したIII-V族化合物半導体ではピークを迎えた後減少して飽和する．これを**飽和電子速度** v_s と呼ぶ．GaAsはSiより電子移動度が高いが，高電界領域のドリフト速度はSiに劣ることが分かる．GaAsなどで高電界領域においてドリフト速度が減少する理由は以下のように説明できる．

図3.5は，運動量空間におけるSiとGaAsのエネルギーバンド図を示したものである．GaAsでは伝導帯の最もエネルギーの低い谷はΓ（ガンマ）点にある．この谷に存在する伝導電子の有効質量は $d^2E/(dk)^2$ に反比例する．したがって，鋭い形状の谷にいる電子は身軽で電界によって容易に加速される．ところが電界が高くなり，速度を上げて高いエネルギーを持つようになった電子は状態密度の大きいL点に遷移してしまう．L点では有効質量が大きくなり，かつ，**谷間散乱**（intervalley scattering）が発生するため，ドリフト速度が低下する．GaAsではΓ点とL点における伝導帯の底のエネルギー差が 0.31 eV であるが，InPではこの値が 0.69 eV と大きいためドリフト速度の低下はGaAsより高い電界で発生し

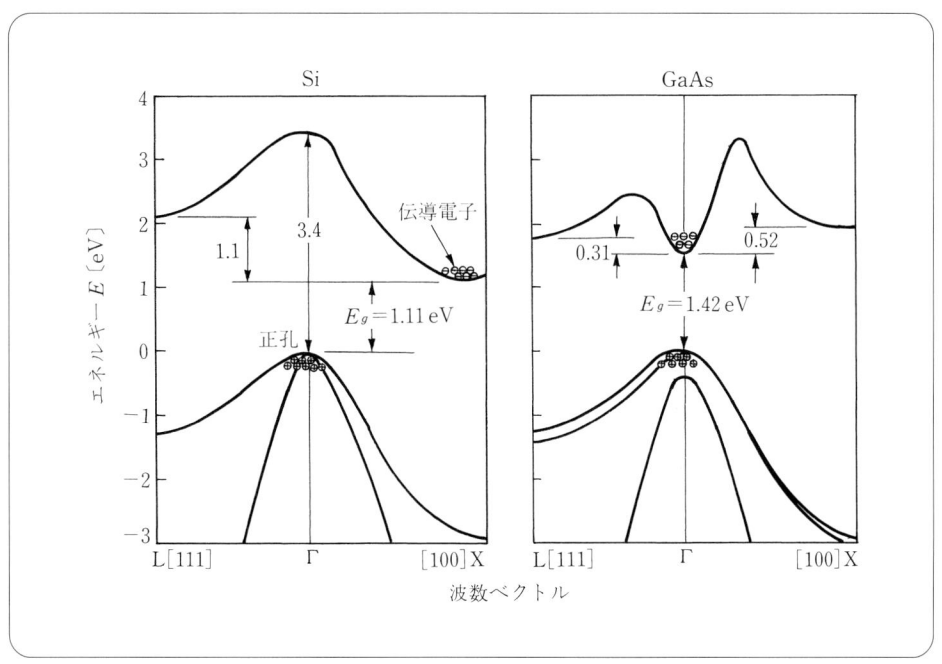

図3.5　SiとGaAsのエネルギーバンド図

ている.

　GaAsでは伝導電子のエネルギーの底と正孔のエネルギーの底を与える波数がΓ点で一致している.このような半導体では運動量を保ったまま直接に電子と正孔が再結合でき,禁制帯幅に相当するエネルギーの光子(photon)を放出できる.このようなエネルギーバンド構造を有する半導体を**直接遷移形半導体**(direct transition semiconductor)という.一方,Siのようにそれぞれの底を与える波数ベクトルが一致していない半導体を**間接遷移形半導体**(indirect transition semiconductor)と呼び,電子と正孔は**フォノン**(phonon)の放出を繰り返して再結合する.このため,間接遷移形半導体ではキャリヤが再結合して消滅するまでの**寿命**(lifetime)が一般的に長い.

　移動度は温度や不純物濃度に極めて敏感である.図3.6は不純物が少ない高純度GaAsと不純物としてSiを$4×10^{17}cm^{-3}$の濃度にドーピングしたGaAsの電子移動度の温度依存性を示したものである[1]).

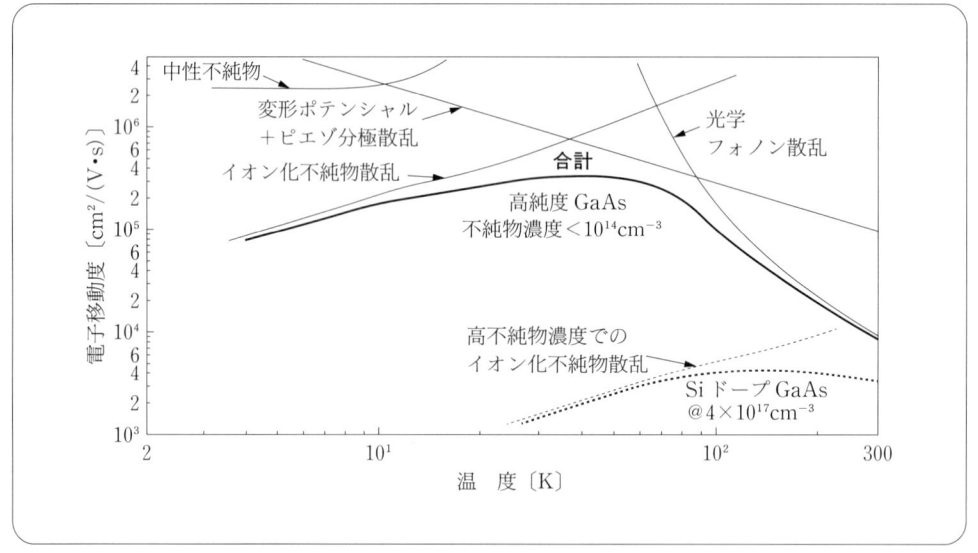

図3.6　GaAsの電子移動度の温度依存性

　高純度GaAsでは室温付近の温度において結晶格子の熱振動による伝導電子への散乱(光学フォノン散乱)が支配的であり,低温においてはイオン化した不純物が作る電場による散乱(イオン化不純物散乱)が支配的である.不純物濃度を高くすると,光学フォノン散乱やピエゾ分極散乱はほとんど変化しないが,イオン化不純物散乱は大きく増加することが分かる.この例の場合,Siは母体となるGaAsに対して10 ppm程度の量しか含まれていないにもかかわらず,室温付近の移動度は高純度の場合に比べて半分以下になってしまう.

3.1.2 ヘテロ接合

〔1〕 真性半導体のヘテロ接合

異なる 2 種以上の半導体を接合することを**ヘテロ接合**（heterojunction）と呼ぶ．この場合，接合とは結晶の構成分子がほとんどとぎれることなく整然と結合された状態を前提としている．図 3.7 のように禁制帯幅の異なる二つの半導体 1 と 2 を接合した場合，伝導帯下端の不連続 ΔE_c と価電子帯上端の不連続 ΔE_v の発生の仕方に三つのタイプが考えられる．

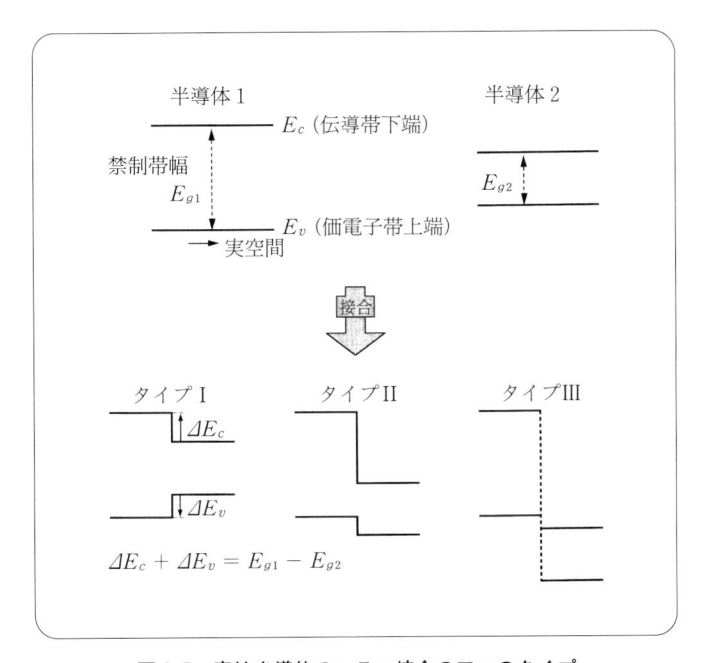

図 3.7 真性半導体のヘテロ接合の三つのタイプ

二つの半導体を接合した場合にどの程度の ΔE_c と ΔE_v が発生するか正確に理論的に予測することは容易ではない．電子親和力の差によって近似的に説明することは可能であるが，定量的精度は低い．ΔE_c と ΔE_v の目安は**図 3.8** によって求めることができる[2]．この図は各種半導体とその混晶がとる伝導帯下端と価電子帯上端の動きを示したもので，例えば，InP とこれに格子整合する InAlAs とのヘテロ接合はタイプ II になることが分かる．実際に接合を作った場合には，ヘテロ界面における半導体材料の切換えの急峻性やひずみなどによっても ΔE_c と ΔE_v は大きく影響を受ける．ΔE_c と ΔE_v はいろいろな測定結果から算出することができるが，例えば，電気伝導の測定結果から算出した値と光学特性の測定結果から算出した値は，必ずしも一致することはなく評価そのものも容易ではない．

〔2〕 変調ドープヘテロ接合

一方の半導体のみに不純物ドーピングを行ったヘテロ接合を**変調ドープヘテロ接合**

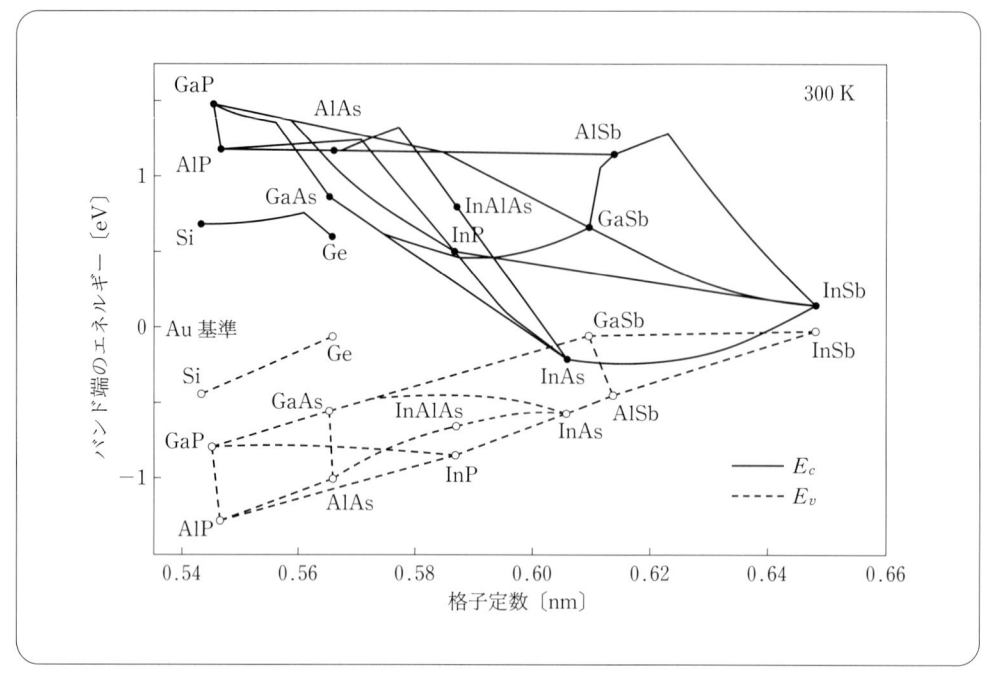

図 3.8 各種半導体の伝導帯下端と価電子帯上端[2]

(modulation-doped heterojunction) という[3]．特に，図 3.9 のように n 形となる不純物を高濃度にドーピングした禁制帯幅の広い半導体層 A とこれと同じ材料で高純度な半導体層 B（スペーサ層と呼ばれる），及び，これより伝導下端が低く高純度な半導体層 C を積層したものは，後述の超高速トランジスタに応用されている重要な変調ドープヘテロ接合の例である．

A の自由電子の一部は C に落ちるが，それらは A の中のイオン化したドナーの正電荷からのクーロン力で界面領域に引きつけられる．これによって生じる内蔵電界のため，図中の

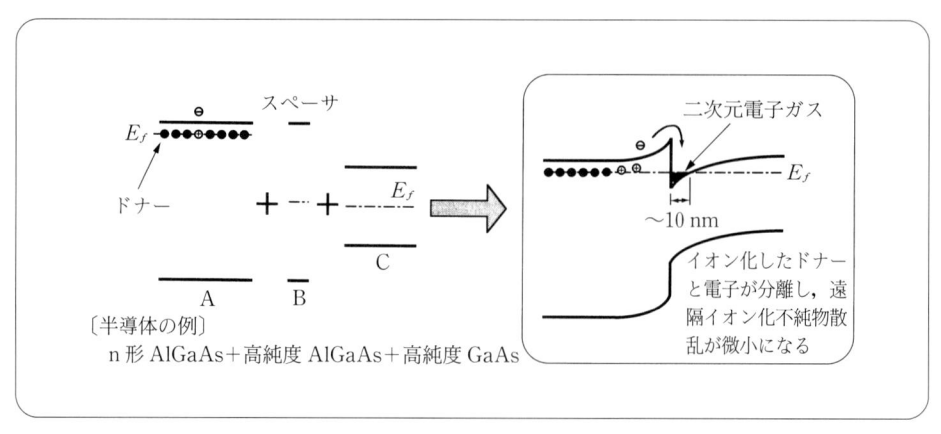

図 3.9 スペーサ層を挿入した変調ドープヘテロ接合

右に示すようなバンド構造が形成される．界面付近の電子群の形態は厚さ 10 nm 程度の薄い雲のようなものであるため，**二次元電子ガス**（**2DEG**：two-dimensional electron gas）と呼ばれる．この 2DEG は高純度半導体層 C を走行でき，散乱源となるイオン化不純物からスペーサ層の厚さ分だけ離れているため高い移動度を有する．また，2DEG を構成する電子は，このヘテロ接合を極低温に冷却してもドナーに戻って消滅すること（フリーズアウト）がないため，極低温においても一定量存在し続け，図 3.10 のように高い電子移動度を示す[4]．

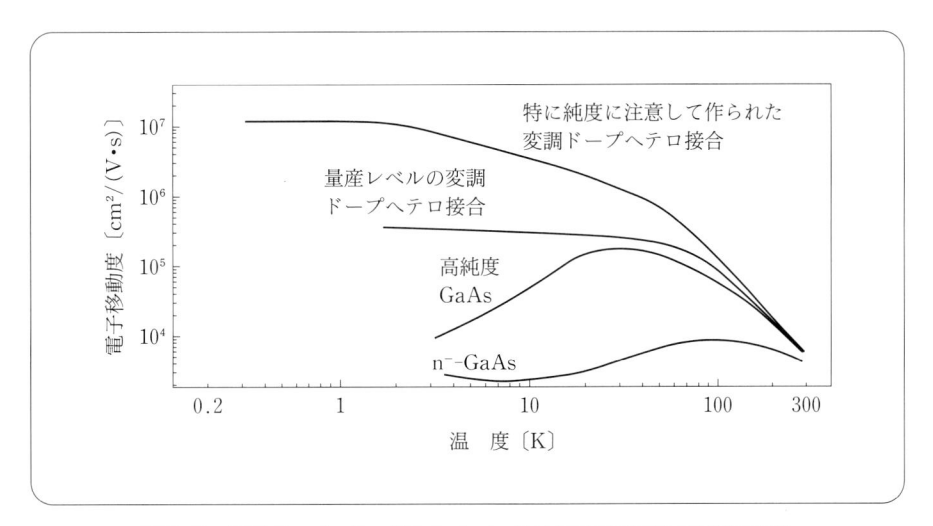

図 3.10 変調ドープヘテロ接合と GaAs 単層の電子移動度の温度依存性

〔3〕 ひずみヘテロ接合

基板結晶上にこれと異なる格子定数を有する半導体層をエピタキシアル成長しようとする場合，その半導体層は図 3.11 のような 2 通りの形態をとり得る．

一つの形態は，左側の図に示すように半導体層が弾性的に変形して，基板結晶の横方向の格子定数と一致して分子間の結合の連続性を保っている場合である．この状態を結晶格子の**ひずみ整合**（pseudomorphic lattice matching）と呼び，超高速トランジスタなどに応用されている．

もう一つの形態は，右側の図に示すように分子の連続性が一部で失われ，結晶欠陥を発生してひずみを緩和しながら半導体層本来の格子定数に戻ろうとする場合である．このような欠陥が多く存在する半導体内ではキャリヤの散乱や捕獲が起こりデバイスには使いにくい．

では，どのような場合にひずみ整合となるのであろうか．図 3.12 は，InGaAs 層を GaAs で挟んだ構造において，InGaAs 層の厚さや InAs 組成比（単に In の組成といわれることが多い）を変えた試料を多く作り，後述の**フォトルミネセンス**（**PL**：photoluminescence）法という光学特性を評価した結果を示したものである[5]．×印は結晶欠陥の発生により

28   3. 超高速デバイス用材料と製造技術

エピタキシアル層

＋

基板結晶

ひずみ整合 $\begin{pmatrix} \text{pseudomorphic} \\ \text{lattice-matched} \end{pmatrix}$

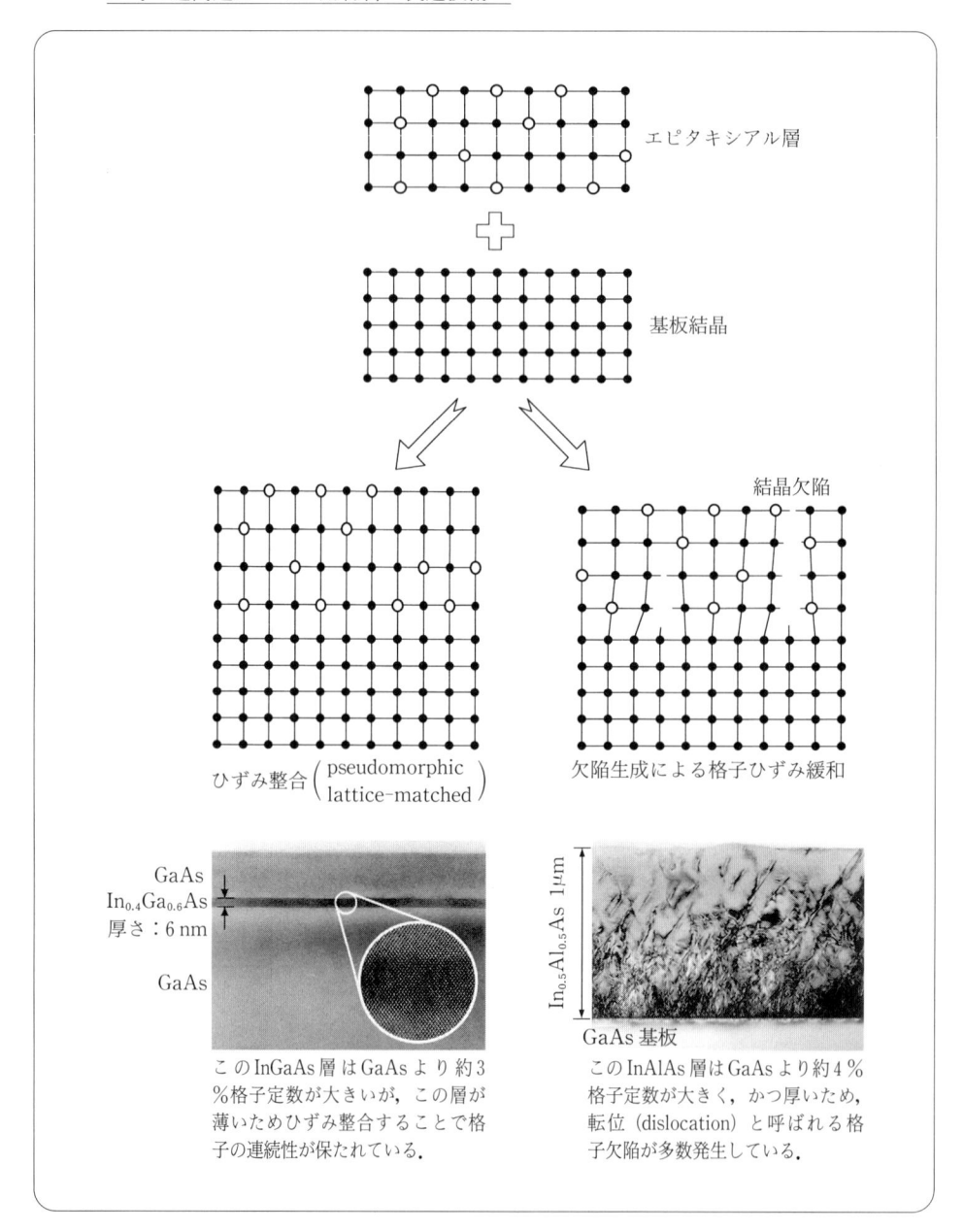

結晶欠陥

欠陥生成による格子ひずみ緩和

GaAs
$In_{0.4}Ga_{0.6}As$
厚さ：6 nm
GaAs

このInGaAs層はGaAsより約3％格子定数が大きいが，この層が薄いためひずみ整合することで格子の連続性が保たれている．

$In_{0.5}Al_{0.5}As$ 1 μm
GaAs基板

このInAlAs層はGaAsより約4％格子定数が大きく，かつ厚いため，転位（dislocation）と呼ばれる格子欠陥が多数発生している．

図3.11 格子定数が異なる二つのヘテロ接合の模式的形態図と対応する透過電子顕微鏡像の例

特性が劣化した試料で格子ひずみが緩和したものである．ひずみ整合と格子ひずみ緩和の境界は曲線のようになり，InAs組成が大きいほどGaAsに対する格子定数の不一致の度合い（ひずみ）が大きくなるため，ひずみ整合ができるInGaAs層の厚さは薄くなることが分かる．なお，各組成におけるひずみ整合可能な最大の厚さを**臨界膜厚**（critical layer thickness）と呼ぶ．

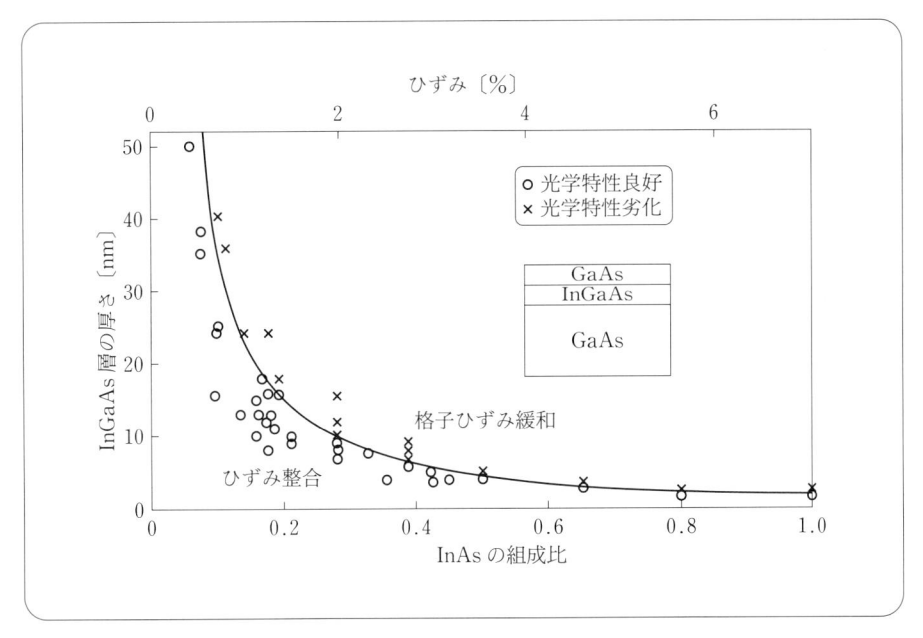

図 3.12 GaAs で挟んだ InGaAs 層の光学特性の，厚さ及び InAs 組成比依存性

デバイス応用上 InAs の組成比を大きくすることで電子移動度を高くすることが期待できる反面，InGaAs 層を薄くしなければいけないことから 2 DEG の閉じこめ効果が不十分になり，ヘテロ界面による散乱などを受けやすくなる．したがって，このひずみ整合系では，InAs の組成比が 0.2～0.3 の範囲で超高速デバイスに実用化されている．

3.2 結晶成長技術と評価技術

　超高速デバイスは半導体層をエピタキシアル成長させた結晶を用いて作られる．デバイスの特性は結晶に最も大きく依存するため，高精度に制御された高品質な結晶を成長することが重要である．本節では結晶成長の基本となる超高真空排気技術，分子線エピタキシアル技術，有機金属気相エピタキシアル技術，及び結晶の評価技術について学ぶ．

3.2.1　結晶成長技術

〔1〕 超高真空排気技術

　半導体の結晶成長やプロセス処理において，不純物となるガスを除去した真空を形成することは最も基本的で重要な技術である．図3.13に，真空の性質と代表的な超高真空ポンプ

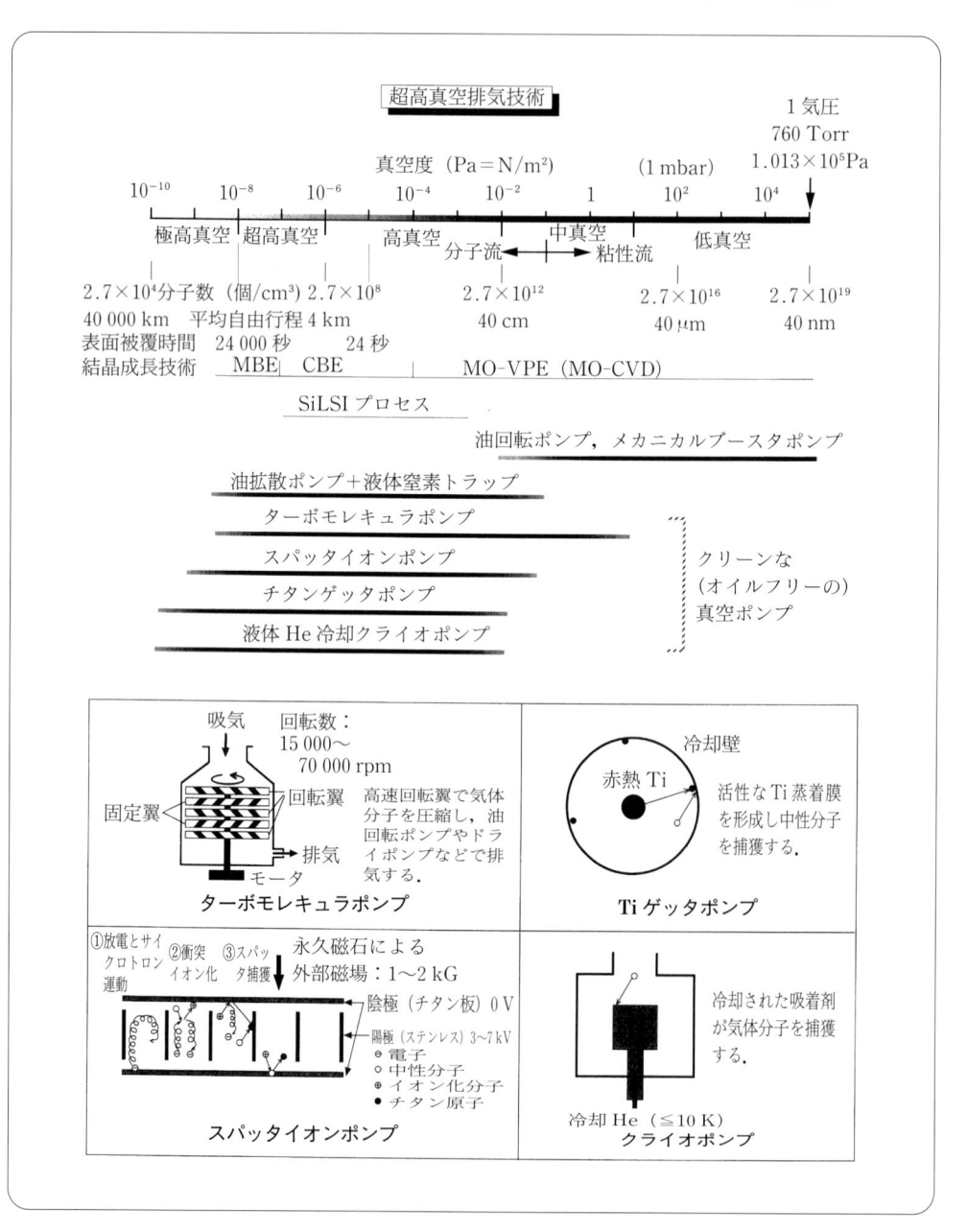

図3.13　真空の性質と超高真空ポンプ

を示す．

　中真空を境として気体分子が相互作用することなく運動する分子流と周囲の分子に影響を受けて運動する粘性流と呼ばれる状態に分かれる．**超高真空**（UHV：ultra-high vacuum）より高い真空度では気体分子の**平均自由行程**（mean free path）は極めて長くなりキロメートル台を大きく超えるようになる．また，気体分子による清浄な表面の被覆時間も長くなり，汚染の少ない結晶成長やプロセスが可能になる．

　このような超高真空を形成するには，低真空から使用可能な油回転ポンプなどで中真空まで排気したのち，高真空及び超高真空用のポンプに引き継いで排気する．また，真空容器はステンレス鋼を用い，接続部分には無酸素銅製のガスケットなどを用いて微小な漏れもないようにシールする．更に容器全体を 200℃ 程度で 10 時間以上加熱し，内壁に付着している気体分子を焼き出す必要がある．ポンプは真空装置の用途や目的に応じて適切に組み合わせる．

〔2〕　**分子線エピタキシアル成長法**

　分子線エピタキシアル成長（MBE：molecular beam epitaxy）は，超高真空中で加熱した基板上に半導体層の構成元素を照射してエピタキシアル成長を行うものである．基板は大気の混入をさけるため，高真空に排気した導入室から超高真空に排気した準備室に移し，ここで数百℃に予備加熱して吸着しているガスを除去したのちに成長室に搬送する．各部屋の間はゲートバルブで仕切られている．図 3.14 に，分子線エピタキシアル成長室の概念図を示す．Al や Ga などを入れる分子線源は，化学的・熱的に安定な窒化ホウ素（BN）製のるつぼ，高温で放出ガスの少ないタンタル（Ta）製のヒータや熱遮へい板，及び W-Re 製の熱電対などで不純物を放出することのないように作られている．また，わずかな放出ガスをも捕獲し，超高真空を維持できるように成長室の内側には液体窒素を流して冷却したステンレス製のシュラウドと呼ばれる容器が取り付けられている．

　MBE の特徴を以下に列挙する．

① 結晶成長中の表面は不純物分子によって汚染されることが少ないため，成長速度を毎秒 0.1～1 nm 程度に遅くできる．

② 分子線源の出口に設けた金属シャッタの開閉により分子層オーダの精度（10 分の数 nm）でエピタキシアル層の厚さを制御できる．

③ 他の結晶成長技術より成長温度を低くできるため，熱による相互拡散が少なく急峻なヘテロ界面を形成できる．

④ 真空装置であるため**高エネルギー反射電子線回折**（RHEED：reflection high-energy-electron diffraction）などにより結晶成長中に表面の原子配列状態や成長過程をその場で観察できる．

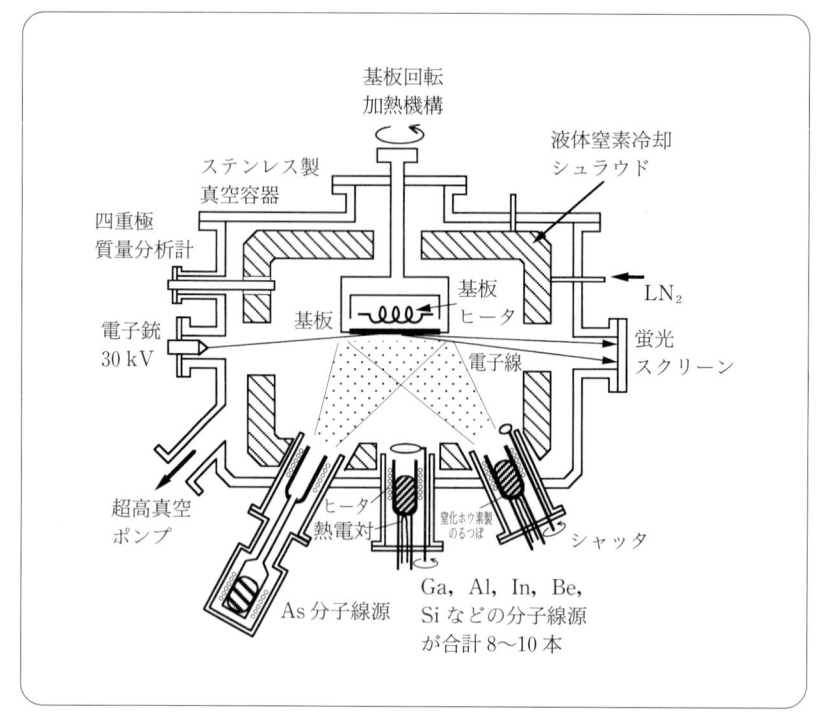

図3.14 分子線エピタキシアル成長室の概念図

以上のような特徴によりMBEは新しい半導体材料や結晶構造の研究に威力を発揮する．また，7枚の6インチ径の基板上に同時に成長できる量産用のMBE装置も作られており，次に述べるMO-VPE法と並んで超高速デバイス用結晶成長の二大技術の一つである．なお，AsやPなどの原料をガスとして成長室の外部から導入したガスソースMBEも実用化され，InP層を使ったデバイス用の結晶成長に用いられている．

〔3〕 **有機金属気相エピタキシアル成長法**

有機金属気相エピタキシアル成長法（**MO-CVD**：metal-organic chemical vapor deposition，または**MO-VPE**：metal-organic vapor phase epitaxy）はMBEと並ぶ超高速デバイス用結晶成長技術であり，半導体レーザなどの光デバイス用にも広く使われている．MO-CVDではⅢ族元素の供給にはメチル基やエチル基と結合させた有機金属ガスとして，また，Ⅴ族元素は水素化ガスとして用いている．これらのガスは多量の高純度水素ガスと混合して成長室に導かれる．これを加熱した基板上に供給して基板上で反応させてエピタキシアル成長を行うものである．図3.15に示すように，それぞれのガスは**マスフローコントローラ**（**MFC**：mass-flow controller）により精密に流量（単位はsccm：standard cubic centimeter per minute）を制御している．石英製の成長室は超高真空排気に耐えられるような高気密になっており，MBEと同様に導入室を介して基板を搬入し大気の混入を防いで

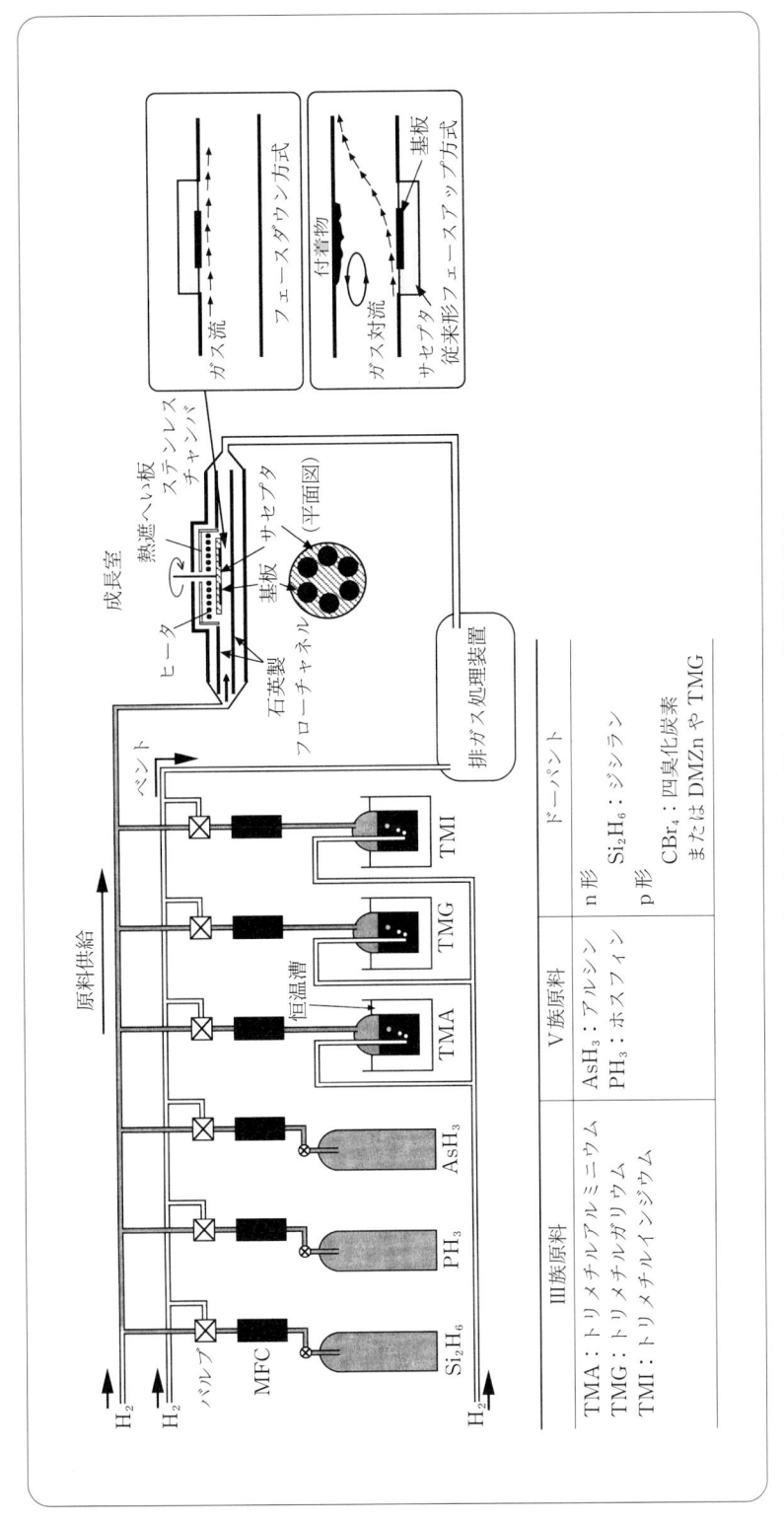

3.2 結晶成長技術と評価技術　**33**

図 3.15　有機金属気相エピタキシアル成長装置の概念図

いる．

　量産用の MO-CVD 装置では，成長室に設置した基板に対するガスの流し方に数種類の方式がある．一例として図の成長室は，基板表面を下向き（フェースダウン方式）に配置し，加熱されて上昇するガスの乱流と落下物の付着問題を解決した横形方式である[6]．MBE と同様に基板を乗せたサセプタを回転させることでエピタキシアル層の厚さ，混晶組成比及びドーピング濃度を均一にしている．

　MBE と比較して MO-CVD の特徴を以下に列挙する．

① 　常に超高真空を維持する必要がなく，原料供給が容易で装置の大形化も比較的容易である．原料が枯渇した場合もガスボンベの交換のみでよく，MBE のように大気解放の必要がないため再立ち上げまでの時間が短い．

② 　成長温度が高く空格子点などの結晶欠陥が少ないため，少数キャリヤデバイス用途にも適した高品質な結晶ができる．

③ 　MFC により任意の混晶組成比やドーピングプロファイルの制御が容易にできる．

　なお，MO-CVD の注意すべき点として，毒性の強いガスを用いるため安全装置や排ガス処理装置が必要である．また，MBE と同程度の急峻なヘテロ界面を形成するためには，ガスの流し方や成長室の構造に独特のノウハウを必要とする．

3.2.2　半導体結晶評価技術

〔1〕　フォトルミネセンスとカソードルミネセンス

　半導体の表面に禁制帯幅より大きなエネルギーを有する光（レーザ光）を照射すると半導体内に電子・正孔対が生成される．図 3.16 に示すように，励起された電子と正孔はそれぞれ禁制帯上端と下端にフォノンを放出しながら移動して再結合するが，その際に禁制帯幅に

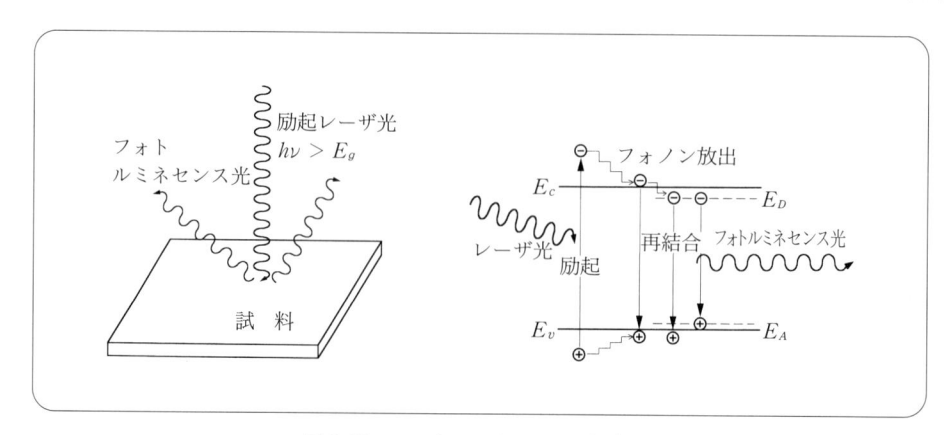

図 3.16　フォトルミネセンスの概念図

相当するエネルギーの光や不純物準位・欠陥準位に相当する分だけエネルギーの低い光を放出する．この過程を**フォトルミネセンス**（**PL**：photoluminescence）と呼ぶ．PLは室温でも観測可能だが，低温のほうが得られる情報が多い．液体ヘリウム温度（4.2 K）のような極低温では励起された電子・正孔対は再結合に至るまでエキシトンと呼ばれる量子化された軌道状態を作る．エキシトンは不純物や結晶欠陥に束縛されることがあり，エキシトンが消滅する際に放出する光エネルギーは束縛されるものによって少しずつ異なる．放出された光を分光しスペクトルを詳細に調べることで，半導体の禁制幅はもとより不純物と欠陥の様子などの結晶品質や混晶半導体であれば組成比を調べることができる．

カソードルミネセンス（**CL**：cathode luminescence）は，PLにおけるレーザ光の代わりに真空中において電子ビームを照射して電子・正孔対を励起するものであり，**走査電子顕微鏡**（**SEM**：scanning electron microscope）をベースに作られる．CLにおいては電子ビームをサブミクロンにまで絞り込んで半導体表面をスキャンすることにより発光の二次元的分布を観察することができる．結晶欠陥や混晶組成のミクロな分布の評価に威力を発揮する．

〔2〕 X 線 回 折

PLとともに頻繁に行われる結晶評価技術が **X 線回折**（**XRD**：X-ray diffraction）である．図 3.17 のように単色化した X 線を半導体表面に照射し，半導体のいろいろな結晶面から回折される X 線の立体的角度分布を精密に測定することで，結晶表面に垂直方向及び水平方向の格子定数を知ることができる．これらの定数から混晶組成比や格子ひずみなどを決定できる．また，ヘテロ接合を有する多層構造の結晶や**超格子**（superlattice）のような極めて薄い2種以上の半導体を周期的に積層した結晶に対しては，各層の厚さや周期を算出できる．ルーチン的に行われる最も容易な評価は，(400) 面からのブラッグ反射角を求めることにより結晶表面に垂直方向の格子定数を測定することである．

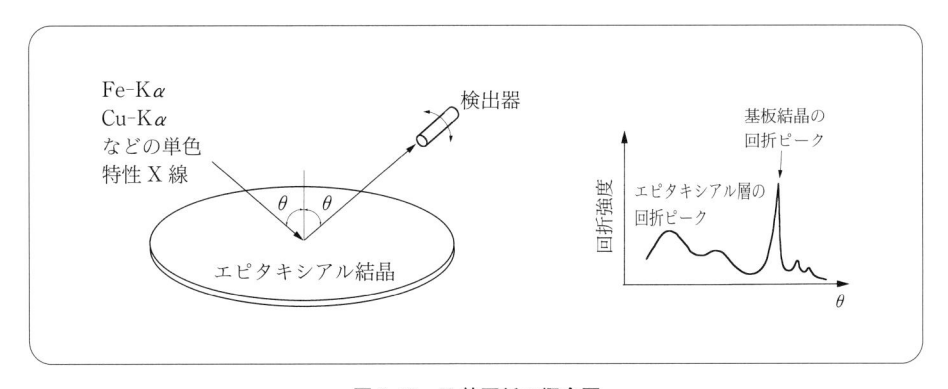

図 3.17 X 線回折の概念図

〔3〕 二次イオン質量分析

半導体の組成分析の代表的なものとして**二次イオン質量分析**（**SIMS**：secondary ion mass spectrometry）がある．図 3.18 に示すように，数 keV から十数 keV に加速した O_2 イオンや Cs イオンなどの一次イオンを試料に照射すると，表面の構成元素が二次イオンの一部として叩き出される（スパッタリングという）．二次イオンの質量を電場と磁場を介して精密に分析することで，構成元素の種類とその割合を知ることができる．SIMS では試料表面を移動することで二次元的分布を評価できるが，よく用いられている方法はスパッタリングにより試料表面を少しずつ削りながら深さ方向の構成元素の分布を評価することである．これにより図の分析例のように多層構造のエピタキシアル結晶の組成や不純物の分布を調べることができる．ノックオン効果により原子の移動が起きたり，スパッタリングの面内不均一によりプロファイルがダレるが，数 nm の深さ分解能で分析が可能である．濃度の検出感度に関しては元素の種類によるが ppb〜ppm のオーダと高い．

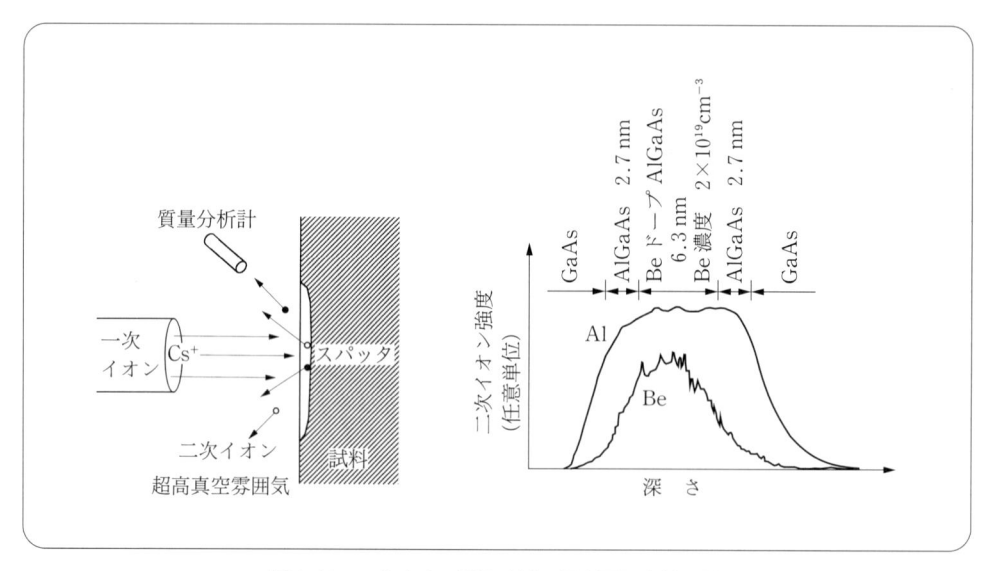

図 3.18 二次イオン質量分析の概念図と分析の例

〔4〕 その他の分析技術

表面から 3 分子層程度の薄い層の構成元素を分析する方法として**オージェ電子分光法**（**AES**：Auger electron spectroscopy）がある．高真空中で試料表面に電子ビームを照射するとオージェ効果と呼ばれる現象により構成元素に特有のエネルギーを持つオージェ電子が放出される．この電子のエネルギーと量を調べることにより構成元素とその組成量を同定できる．また，Ar や Xe などのイオンを用いて試料表面をスパッタリングしながら AES 分析をすると，SIMS のような深さプロファイルも分析可能である．

単色のX線や紫外線を試料表面に照射して放出される光電子のエネルギーを調べることで表面から数nmの領域を分析する方法がある．励起する光源により**X線光電子分光法**（**XPS**：X-ray photoelectron spectroscopy）や**真空紫外光電子分光法**（**UPS**：vacuum ultraviolet photoelectron spectroscopy）と呼ばれる．光電子のエネルギーの化学シフト量を測定することによりSIMSやAESでは得られない元素の結合状態や酸化の状態などを評価することができる．

非破壊かつ短時間でエピタキシアル層の多層構造を評価する方法として**分光エリプソメトリ**（spectro-ellipsometry）がある．偏光した光を試料表面に入射し，反射光の偏光状態の変化を入射光の波長や試料に対する入射角を変えながら測定することで，試料の層構造を評価できる．ある程度構造が決まっているエピタキシアル結晶のルーチン的評価に有効な技術である．

3.3 シリコン基板への浅接合構造と形成技術

デバイスの高速化は電荷の輸送距離を物理的に短くすることで基本的に達成されており，シリコンデバイスでは特に微細化が必須である．微細化には横方向のほかに縦方向の微細化すなわち**浅接合**（shallow junction）化がある．本節ではシリコン半導体の接合を浅くする浅接合構造と形成技術について学ぶ[7]．

3.3.1 p形及びn形拡散層の浅接合化

一般にp形層の移動度はn形層に比べて小さいので，超高速デバイスとしてはバイポーラトランジスタではnpn構造が，MOSトランジスタではnチャネル形が主流となっている．しかし，pnpバイポーラトランジスタは回路の自由度を向上できたり，PMOSトランジスタはCMOSトランジスタの一対として消費電力を低下させたり，集積回路への応用にとって欠くことのできないデバイスである．p形層の浅接合化にはイオン注入技術のほかに種々の方法が試みられている．その原因は，p形不純物の主流元素であるホウ素が軽元素のためイオン注入技術のみでは浅接合化に限界があるということにある．

n形層はnpn形バイポーラトランジスタのエミッタ層として浅接合化は欠かすことができない．また，超微細nチャネルMOSトランジスタのソース-ドレーン層は浅接合・低抵抗

化が必須であり，イオン注入技術を主流として浅接合化技術が発展してきている．

3.3.2 浅接合化技術

〔1〕 **イオン注入による浅接合化**

pn接合形成に際しては，一般に**イオン注入**（ion implantation）が広く用いられている．添加する不純物量を電流積算値で直接計測できるため制御性が高く，またフォトレジストを付着したままでも不純物制御が可能であるためである．イオン注入による接合深さはイオンの質量と加速エネルギー，またその後の熱処理によって決定される．図3.19は2 keVのエネルギーで加速されたホウ素B，ヒ素Asの熱処理後の不純物ドーピングプロファイルを示したものである．浅接合化のためにはイオン注入時の加速エネルギーを低下させる．ホウ素に比べヒ素のほうが質量が大きいため同一加速エネルギーでも浅接合が形成される．軽元素のホウ素はイオン注入加速エネルギーが2 keV程度でもピーク濃度に達する深さである**プロジェクテッドレンジ**（projected range）R_pは20 nm程度になる．また，他の元素に比べ注入直後でも基板の格子に沿って内部まで進入するチャネリング効果のため浅接合化は困難である．浅接合化には，あらかじめ基板表面を非晶質化してチャネリング効果を防止する方法も試みられている．ホウ素単一元素のイオン注入の代わりに，質量の大きい分子イオンBF_2が用いられることが多くなっている．BF_2をシリコン基板へイオン注入すると，フッ素及びホウ素双方のプロファイルが得られ，加速エネルギーは各原子の質量比に従って分配される．

図3.20はB及びBF_2イオン注入後のプロファイル示したものである．ホウ素，フッ素原

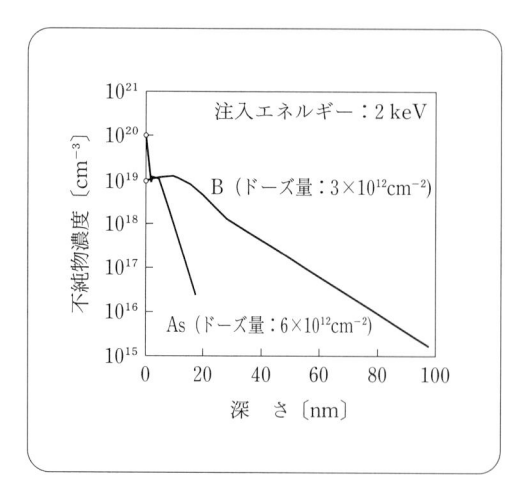

図3.19 イオン注入B，As熱処理後の不純物ドーピングプロファイル

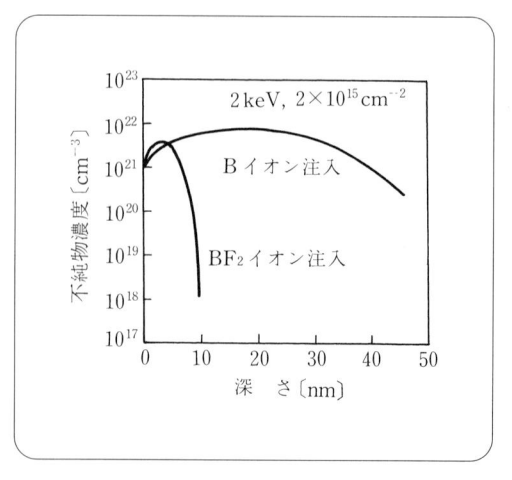

図3.20 B，BF_2イオン注入後のプロファイル

子及び BF_2 分子の質量は 10.8 g,19 g,48.8 g であるため,BF_2 イオンを約 9 keV で注入するとホウ素が 2 keV で注入されたことになる.単一元素のイオン注入に比べ,分子イオン注入では R_p が小さくなっていることが分かる.

n 形不純物は一般にヒ素,リン,アンチモン原子が用いられている.ヒ素原子はシリコン原子に近い原子半径を有しているので,最も多く用いられている.リンやアンチモン原子は高濃度に拡散するとひずみなどを誘起するのでヒ素原子だけでは設計が困難な n 形拡散層に用いられることが一般的である.更に,ホウ素と比べてチャネリング効果も少ないため浅接合化には専ら低加速エネルギー化で対処されている.

また,イオン注入後の熱処理法も浅接合化にとって重要なパラメータである.一般的には熱処理炉に一定温度で 20 分程度放置するが,時間を短縮した**瞬間熱処理**(**RTA**:rapid thermal annealing)**法**が多く用いられるようになってきた.瞬間熱処理法は短時間で昇温降温を行い,数秒間最大温度で保つ方法である.また,スパイク RTA と呼ばれる熱処理法は,通常の瞬間熱処理法よりも昇降温度の勾配を急激にしたものであり,イオン注入法の低加速エネルギー化に加えて重要な熱処理技術の一つになっている.図 3.21 に瞬間熱処理法の処理温度プロファイルを示す.

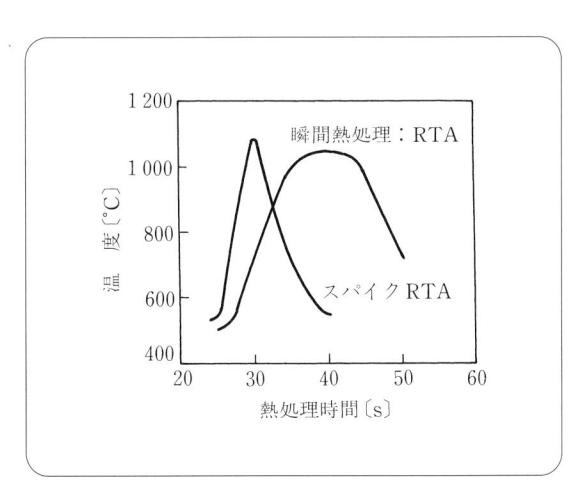

図 3.21 瞬間熱処理法の処理温度プロファイル

〔2〕 **ガスソース法による浅接合化**

極低加速エネルギーイオン注入法によって数十 nm の拡散層を形成することは可能となっているが,更なる浅接合化のためには加速エネルギーを持たない分子や原子を基板表面に供給し,表面反応によって拡散層を形成させる技術が必要となる.気相拡散法はイオン注入法が開発される前から使用されていたが,気相拡散法と瞬間熱処理法を組み合わせた拡散法によって浅接合化が可能となっている.図 3.22 は**瞬間気相拡散**(**RVD**:rapid vapor phase

40　3. 超高速デバイス用材料と製造技術

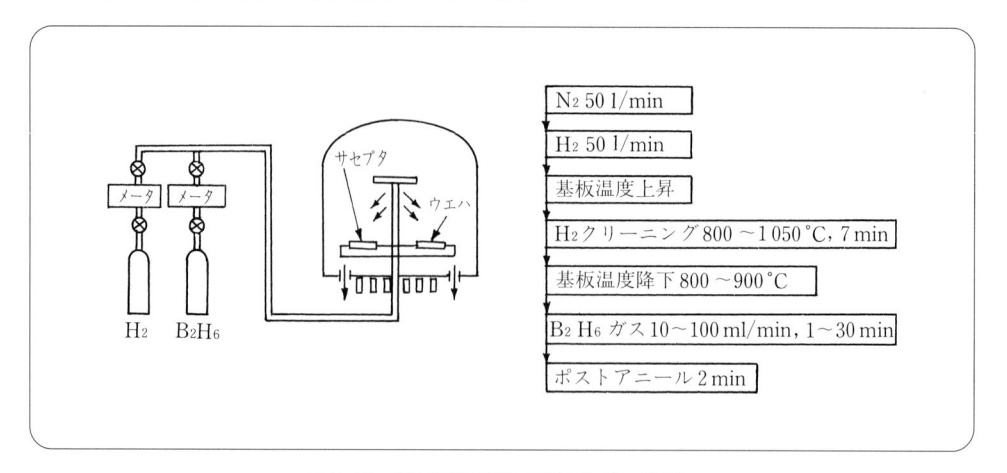

図 3.22　瞬間気相拡散（RVD）法の装置

diffusion）法の装置を示したものである．

　RVD 法では，常圧水素雰囲気中でウエハを基板温度 800～1 000℃で加熱し表面前酸化膜を除去したのちに基板温度を再設定しドーピングガスの B_2H_6 や PH_3 を数分間基板表面に流すことで p 形及び n 形不純物拡散層を形成する技術である．この処理によりドーピングガスが熱分解してホウ素原子やリン原子が基板表面より内部に拡散する．**図 3.23** は，RVD 法によって形成された p 形拡散層の不純物ドーピングプロファイルを示したものである．イオン注入法に比較し浅接合が形成されていることが分かる．

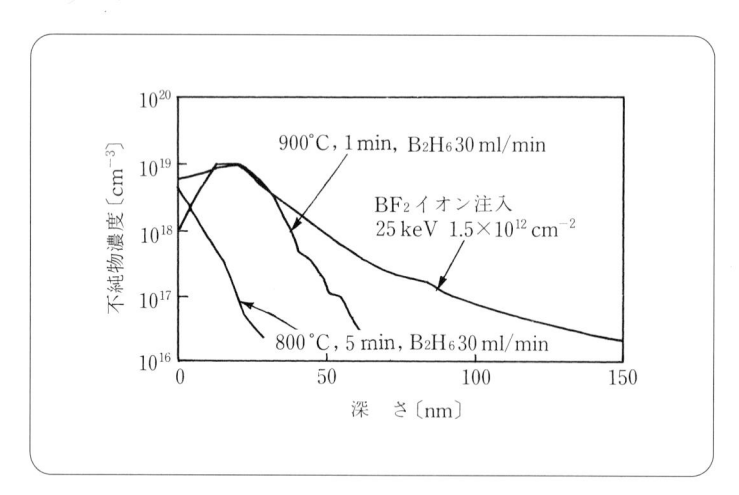

図 3.23　RVD 法による不純物ドーピングプロファイル

　RVD 法では，高温水素雰囲気中での処理によって，ドーピングガスの熱分解と表面吸着，脱離，拡散といった複雑な反応を経て不純物拡散層が形成される．そのため，ドーピングガスが B_2H_6 と PH_3 では表面吸着係数が異なるため，ドーピングガス濃度が同一でも表面

不純物濃度は異なってくる．また，ドーピングガス分解温度が600℃以上と高いため，マスク材料としてイオン注入法のようにフォトレジストが使用できないなどの欠点がある．

RVD法によってバイポーラトランジスタが試作されており，良好な直流特性が得られている[7]．

〔3〕 **固体からの拡散による浅接合化**

通常の気相拡散法は，高温で熱した基板上に不純物を高濃度に含んだガラス層を堆積し，その後の熱処理によって基板内部に拡散させる方法である．しかし，この方法はガラス層を堆積させるプリデポジションの工程が高温度のため既に基板内部に不純物が拡散されてしまう．そのため浅接合化には不向きであるが，高濃度不純物を含んだガラス層を低温で堆積し拡散を行うことによって極浅接合形成が可能となる．図3.24は，ホウ素を高濃度に含んだガラス層 **BSG**（boron silicate glass）を低温で堆積し，バイポーラトランジスタのベース層を形成させるプロセス，及びBSG層から拡散したp形層の不純物ドーピングプロファイルを示している．BSG層のボロン濃度はB_2H_6の流量で制御している．瞬間熱処理法と組み合わせてイオン注入法よりもより浅接合が得られていることが分かる．

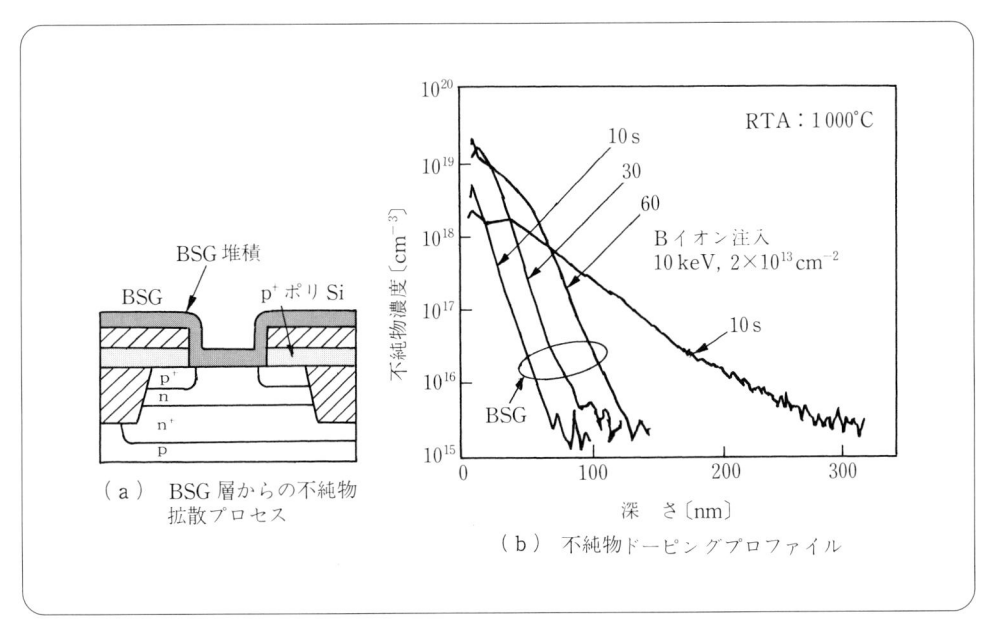

図3.24 BSG層からの不純物拡散プロセスと，不純物ドーピングプロファイル

このように，加速エネルギーを持たない不純物を基板表面に接触させて拡散層を形成する技術は，イオン注入法の限界を超える技術として有望である．

〔4〕 **多結晶シリコン層からの拡散による浅接合化**

超高速バイポーラトランジスタにおいては，ベース層内に極浅エミッタ層を形成する方法

として多結晶シリコン層からの拡散が多く用いられている．高濃度多結晶シリコン層から単結晶基板内部へ不純物を熱拡散する方法である．多結晶シリコン層はSiH_4ガスの熱分解によって形成し，この多結晶シリコン層へイオン注入によって不純物をドーピングする方法が一般的である．単結晶基板内部へ不純物を拡散させるにはイオン注入後の熱処理によって行う．このとき，不純物の拡散係数は単結晶基板よりも多結晶シリコン層のほうが大きくなる．拡散係数の相違は多結晶シリコン層の堆積条件によって異なるが，数倍から十倍程度である．この方法は，単結晶基板内の浅接合拡散層に接続された多結晶シリコン層を電極の一部として使用する場合には非常に効果的である．

多結晶シリコン層を形成しイオン注入によって不純物をドーピングしてから拡散する方法でなく，多結晶シリコン層の形成中に不純物をドーピングする**ドープト多結晶シリコン層**（in-situ doped polysilicon）の応用は，低温熱処理によって低抵抗層が得られるためより浅接合化が可能である．ドープト多結晶シリコン層はSi_2H_6ガスを550℃以下の低温で堆積させると効果的である．堆積直後は非晶質層であるが熱処理を行うことによって低温で多結晶層に変化する．

図3.25は不純物としてリンを添加したドープト多結晶シリコン層の結晶粒界の熱処理温度依存性を示したものである．堆積直後に非晶質であった膜は熱処理を行うと低温で結晶粒界が1μm以上に成長するが，堆積直後が多結晶であった膜は結晶粒界の成長がみられないことが分かる．

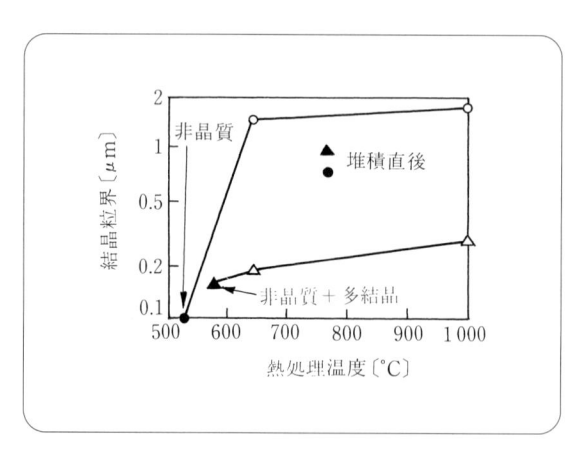

図3.25 リンドープト多結晶の結晶粒界の熱処理温度依存性

図3.26に，リンドープト多結晶シリコンの抵抗率，キャリヤ濃度，移動度の熱処理温度依存性を示す．図より明らかのように525℃の低温で堆積したドープト多結晶シリコン層の抵抗値は，575℃で堆積した多結晶層に比べて低温の熱処理によって高移動度で低抵抗の値が得られることが分かる．このような特色を生かしてドープト多結晶シリコン層は900℃以

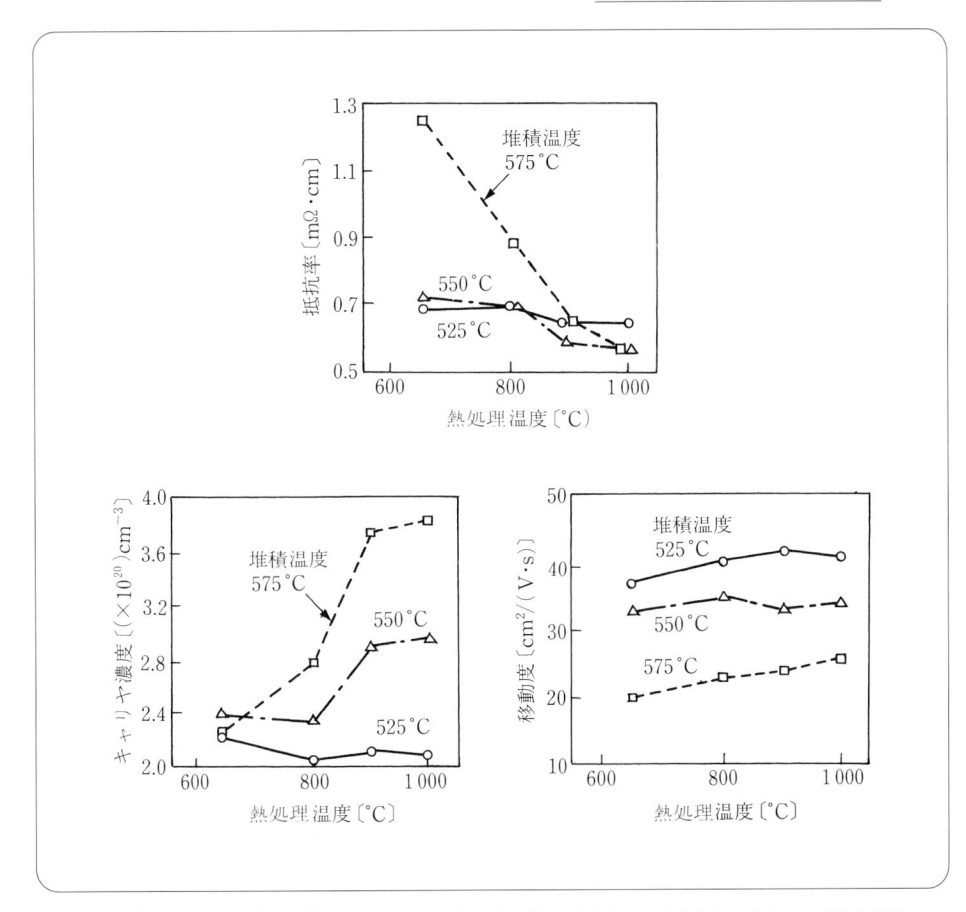

図 3.26 リンドープト多結晶シリコンの抵抗率,キャリヤ濃度,移動度の熱処理温度依存性

下の低温でも低抵抗が得られるために,SiGe バイポーラトランジスタにも多く用いられている.

本章のまとめ

- ❶ **III-V族化合物半導体** III族元素とV族元素を1:1で化合させた半導体
- ❷ **ヘテロ接合** 2種の異なる半導体の接合
- ❸ **変調ドープヘテロ接合** 一方の半導体に選択的にドーピングしたヘテロ接合
- ❹ **分子線エピタキシアル法** 超高真空中で構成元素を蒸着して行う結晶成長
- ❺ **有機金属気相エピタキシアル法** 有機金属ガスと水素化ガスの反応により行う結晶成長
- ❻ **浅接合** イオン注入,ガスソース,固体からの拡散などの方法により形成された浅い接合

●理解度の確認●

問 3.1 InP 基板に格子整合する InGaAs と InAlAs が作るヘテロ接合はどのタイプになるか．

問 3.2 直接遷移形半導体の禁制帯幅を評価するにはどのようにすればよいか．

問 3.3 シリコンの浅接合化の技術を列挙せよ．

4 シリコンバイポーラトランジスタ

　シリコンバイポーラトランジスタは，電子と正孔との双方の動作を応用したデバイスである．電子をエミッタ領域からベース領域へ注入してコレクタへ到達させる npn 形と，正孔をベース領域へ注入してコレクタへ到達させる pnp 形がある．移動度の高い電子を用いた npn 形のほうが pnp 形よりも高速に動作する．また，バイポーラトランジスタはキャリヤを基板表面に対し垂直方向に流して動作させる縦形構造と，基板表面方向に流して動作させる横形構造がある．

　シリコンバイポーラトランジスタは，遮断周波数が高く電流駆動能力が大きいため超高速トランジスタとして広く用いられている．また，化合物半導体デバイスと比べ高集積性に優れている．反面，消費電力が大きいためバイポーラ集積回路のみでモバイル機器などを構築するには不向きである．超高速動作機能はバイポーラトランジスタが処理し，信号処理などの演算機能は MOSFET で処理をする BiCMOS（Bipolar-CMOS）集積回路がある．

　本章では，バイポーラトランジスタの基本動作とその構造，またヘテロ接合を用いた SiGe バイポーラトランジスタについて学ぶ．

4.1 バイポーラトランジスタの動作原理

　超高速動作のバイポーラトランジスタは，2章で学んだように寄生デバイスをできるだけ小さく形成しているため，複雑な構造に見えることが多い．最も大切なことはどのようにして超高速性能を引き出しているかである．まず，バイポーラトランジスタの理解を深めるために，動作原理について簡単に学ぶ[1]．

4.1.1　一次元バイポーラトランジスタの直流電流と電流増幅率

　図4.1(a)に一次元npnバイポーラトランジスタの構造を示す．バイポーラトランジスタは，エミッタ，ベース，コレクタの各領域から成り立っており，通常は図に示したような電圧を印加して用いる．エミッタ領域より電子をベース領域へ注入しコレクタ領域へ到達した電子数が動作を決定する．エミッタ-ベース接合は順方向バイアス電圧が印加されているため空乏層は狭く，またベース-コレクタ接合は逆方向バイアス電圧が印加されているので空乏層は広くなっている．図(b)はnpnバイポーラトランジスタのエネルギーバンド図，図(c)は各領域の不純物ドーピングプロファイルである．

　一般的にベース不純物ドーピングプロファイルは，表面近傍での濃度が高く，基板方向に深くなるにつれて低くなっているためビルトイン電界が存在し，キャリヤはドリフトと拡散で流れている．ベース領域内の**電子電流密度** J_n と**正孔電流密度** J_p は次式で表される．

$$J_n = q\mu_n n(x)\varepsilon(x) + qD_n\frac{dn(x)}{dx} \tag{4.1}$$

$$J_p = q\mu_p p(x)\varepsilon(x) - qD_p\frac{dp(x)}{dx} \tag{4.2}$$

　ここで，q は電子電荷，μ_n は電子の移動度，μ_p は正孔の移動度，$\varepsilon(x)$ は電界，D_n 及び D_p は電子及び正孔の拡散定数，n 及び p は電子及び正孔濃度である．ベース内で再結合がほとんどない場合，正孔電流密度はほぼ零なので

$$J_p \fallingdotseq 0 \tag{4.3}$$

となり，ベース領域の電界は

$$\varepsilon(x) = \frac{D_p}{\mu_p}\frac{1}{p(x)}\frac{dp(x)}{dx} \tag{4.4}$$

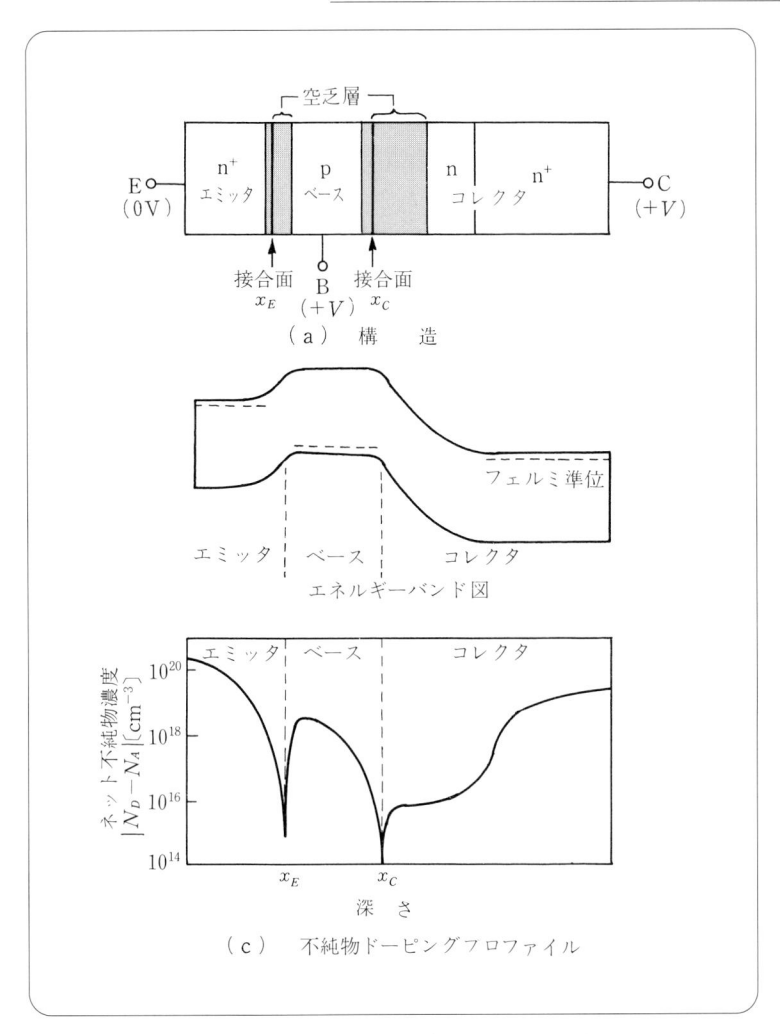

図 4.1 一次元 npn バイポーラトランジスタ

と表される．式(4.4)を式(4.1)へ代入すると

$$J_n = q\mu_n\left[\frac{D_p}{\mu_p}\frac{1}{p(x)}\frac{dp(x)}{dx}\right]n(x) + qD_n\frac{dn(x)}{dx} \tag{4.5}$$

が得られる．アインシュタインの関係式 $(D/\mu) = kT/q$ を用いて変形すると

$$p(x)J_n = qD_n n(x)\frac{dp(x)}{dx} + qD_n p(x)\frac{dn(x)}{dx} \tag{4.6}$$

$$p(x)J_n = qD_n \frac{d}{dx}[n(x)p(x)] \tag{4.7}$$

となる．ベース領域内で積分して

$$J_n \int_{x_E}^{x_C} p(x)dx = qD_n \int_{x_E}^{x_C} \frac{d}{dx}[n(x)p(x)]dx$$

$$= qD_n[n(x_C)p(x_C) - n(x_E)p(x_E)] \tag{4.8}$$

すなわち

$$J_n = \frac{qD_n[n(x_C)p(x_C) - n(x_E)p(x_E)]}{\int_{x_E}^{x_C} p(x)dx}$$

$$= -\frac{qD_n n_i^2}{\int_{x_E}^{x_C} p(x)dx} \exp\left(\frac{qV_{BE}}{kT}\right) \tag{4.9}$$

となる．ここで

$$n(x_C)p(x_C) = n_i^2 \exp\left(\frac{qV_{BC}}{kT}\right) \tag{4.10}$$

$$n(x_E)p(x_E) = n_i^2 \exp\left(\frac{qV_{BE}}{kT}\right) \tag{4.11}$$

であり，ベース-コレクタ接合が逆方向バイアスでは式(4.10)はほぼ零となる．式(4.9)の分母はベース領域内部の全正孔密度 Q_B であり，$x_C - x_E$ をベース幅 W_B とすると

$$Q_B = \int_0^{W_B} p(x)dx \tag{4.12}$$

を**ベースガンメル数**という．式(4.9)から，ベース領域内部に注入される電子電流はベースガンメル数に反比例していることが分かる．

同様に，エミッタ領域中に注入される正孔電流は

$$J_p = \frac{qD_p n_i^2}{\int_0^{W_E} n(x)dx} \exp\left(\frac{qV_{BE}}{kT}\right) \tag{4.13}$$

となり，**エミッタガンメル数**は

$$Q_E = \int_0^{W_E} n(x)dx \tag{4.14}$$

となる．ただし，エミッタ幅 W_E がエミッタ領域内での正孔拡散長 L_E よりも長い場合は W_E の代わりに L_E となる．

ベース領域内部での再結合がほとんどない場合は，ベース内に注入された電子電流のほとんどがコレクタ電流となって電極より取り出されるので，**電流増幅率** β は

$$\beta = \frac{A_E J_n}{A_B J_p} \tag{4.15}$$

となる．ここで，A_E, A_B はエミッタおよびベースの面積である．電流増幅率を増加させるためには，式(4.15)より明らかなように電子のベース内への注入効率を増加させるためにベースガンメル数を減少させ，また，正孔のエミッタ内への注入効率を減少させるために，エミッタガンメル数を増加させなければならない．そのため，エミッタ（E）・ベース（B）・コレクタ（C）各領域の不純物濃度をE＞B＞Cの順にするのが通常である．

更に，超高速バイポーラトランジスタでは，電子の走行時間を短くするために接合深さを浅くする必要があり，エミッタ深さは正孔拡散長 L_E よりも短くなっている場合が多い．そのため，エミッタガンメル数が減少し電流増幅率が低下する可能性がある．更に，エミッタ領域は高濃度のためにバンドギャップが狭くなっており，エミッタ領域への正孔電流増加の原因になっている．

談 話 室

ガンメルプロット（Gummel plot） バイポーラトランジスタの特性を評価する際に，ベース-エミッタ間電圧 V_{BE} とベース電流 I_B 及びコレクタ電流 I_C の関係をプロットしたものである（図 4.2）．大信号動作におけるデバイスパラメータなどを知ることができる．

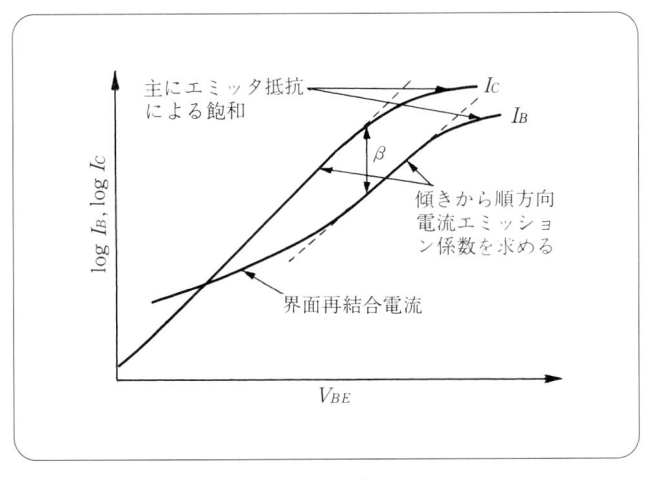

図 4.2 ガンメルプロットの例

4.1.2　バイポーラトランジスタのベース電流

式(4.15)から，電流増幅率を増加させるにはベースガンメル数を小さくし，エミッタガンメル数を大きくすればよいことが分かる．ベースガンメル数を小さくすると，コレクタ端からベース領域に広がる空乏層幅が増加し耐圧が減少する．空乏層がエミッタ端まで到達すると，パンチスルーを起こして電流が急激にエミッタ-コレクタ間に流れるので動作不能になる．そのため，ベースガンメル数を必要以上に小さくすることはできない．これに反し，エミッタガンメル数を増加させることにより，電流増幅率を増加させることが可能である．そのため，通常のバイポーラトランジスタでは，エミッタ領域の濃度はベース領域の濃度より

50　　4.　シリコンバイポーラトランジスタ

も約2桁以上も高くしている．

超高速バイポーラトランジスタにおいて，ベース電流の成分は次のようなメカニズムで決定されている．

①　ベース領域内部の再結合電流（J_{b1}）
②　エミッタ-ベース空乏層内再結合電流（J_{b2}）
③　エミッタ-ベース端の再結合電流（J_{b3}）
④　エミッタ領域内部の再結合電流（J_{b4}）
⑤　エミッタ表面の再結合電流（J_{b5}）

これらベース電流成分について図4.3に示す．

（a）エネルギーバンド図とベース電流成分

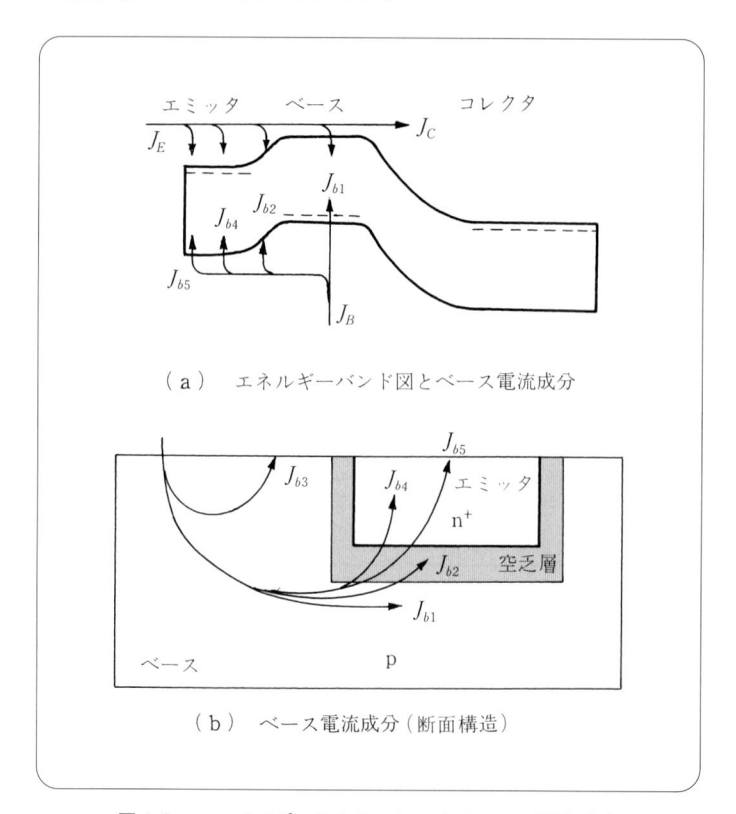

（b）ベース電流成分（断面構造）

図4.3　npnバイポーラトランジスタのベース電流成分

ベース領域内部の再結合電流 J_{b1} は

$$J_{b1} = \frac{Q_B}{\tau_{BF}} \tag{4.16}$$

と表される．ここで，Q_B はベース内部の電子濃度，τ_{BF} は再結合時間である．また，通常動作では

$$Q_B = J_C \tau_F \tag{4.17}$$

であるので

$$\frac{J_{b1}}{J_C} = \frac{\tau_F}{\tau_{BF}} \tag{4.18}$$

となる．ここで，τ_F は電子の**ベース走行時間**，J_C はコレクタ電流密度である．しかし，電子のベース走行時間は再結合時間に比べて非常に小さいので，ベース幅の短い超高速バイポーラトランジスタでは，J_{b1} はコレクタ電流密度に比べ無視できるほど小さい．

エミッタ-ベース空乏層内再結合電流 J_{b2} は，空乏層内に電子と正孔が同数存在するときに最も多く

$$J_{b2} = \frac{qW_{eff}n_i}{\tau_{rec}} \exp\left(\frac{qV_{BE}}{2kT}\right) \tag{4.19}$$

である．ここで，W_{eff}, n_i, τ_{rec}, V_{BE} は，それぞれ空乏層幅，真性キャリヤ濃度，空乏層内再結合時間，ベース-エミッタ間電圧である．

エミッタ-ベース端の再結合電流 J_{b3} はベース表面の状態などに依存する．例えば，放射線照射によって表面状態が著しく破損されている場合は，この再結合電流が増加する．

エミッタ領域内部の再結合電流 J_{b4} 及びエミッタ表面の再結合電流 J_{b5} は，エミッタ幅（エミッタ拡散深さをいう）の厚さや濃度によって異なっている．**図 4.4** に，エミッタ領域内の正孔分布（再結合電流）を示す．

(a) 厚いエミッタ層
$$J_{b4} = \frac{qD_P P_E(0)}{L_P}$$

(b) 薄いエミッタ層，表面再結合速度大
$$J_{b5} = \frac{qD_P P_E(0)}{W_E}$$

(c) 薄いエミッタ層，表面再結合速度小
$$J_{b5} = \frac{qD_P(P_E(0) - P_E(s))}{W_E}$$

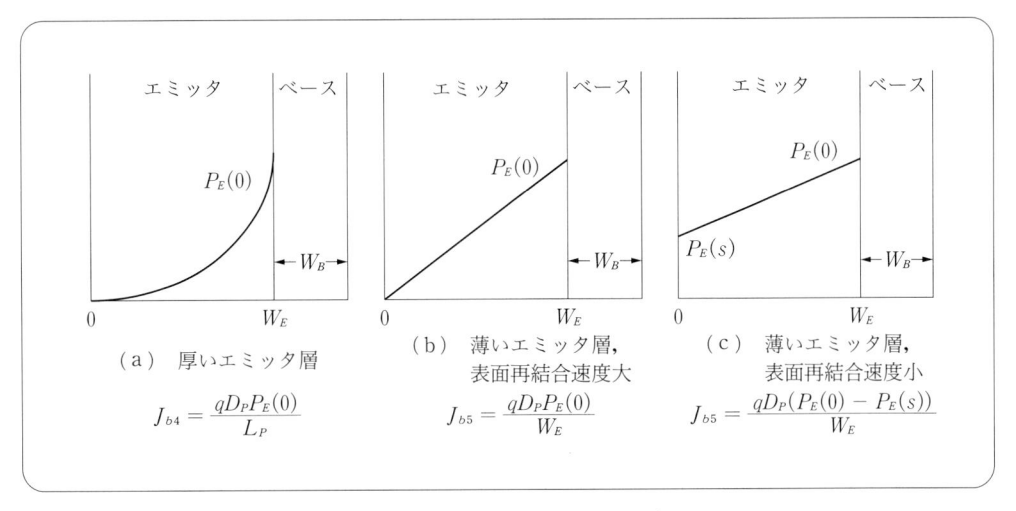

図 4.4 エミッタ領域内の正孔分布

エミッタ幅が厚い場合には，エミッタ領域に注入された正孔は正孔拡散距離 L_P の間で再結合する．しかし，超高速バイポーラトランジスタでは，エミッタ幅を L_P よりも薄く形成してエミッタ領域での走行時間を減少させている．エミッタ幅が L_P より薄い場合は，図に示したように正孔再結合は起こる．エミッタ表面に配線金属電極がある場合は再結合速度が

大きいため、エミッタ表面での正孔濃度が零となり、L_P よりもエミッタ幅 W_E が薄いため、再結合電流 J_{b5} は J_{b4} に比べて大きな値となる．しかし、後で学ぶ多結晶シリコンを用いたエミッタの場合は、多結晶シリコンの特性が配線金属電極とは異なるため再結合速度は低い．そのため、単結晶と多結晶シリコンとの界面でも正孔が存在し再結合電流 J_{b5} は配線金属がエミッタ表面に直接接続されている場合に比べ小さくなる．

一般的に、エミッタ領域のバンドギャップがベース領域のバンドギャップと同じ場合、価電子帯のエネルギーギャップ差 ΔV_p と伝導帯のエネルギーギャップ差 ΔV_n が等しいので、エミッタ端での正孔濃度を $p_E(0)$、エミッタ領域内の熱平衡時の正孔濃度を p_{E0}、ベース端での電子濃度を $n_B(0)$、ベース領域内の熱平衡時の電子濃度を n_{B0} とすれば

$$\frac{p_E(0)}{p_{E0}} = \frac{n_B(0)}{n_{B0}} \tag{4.20}$$

の関係が成り立つ．その結果、ベース領域内の正孔濃度を p_B、エミッタ領域内の電子濃度を n_E とすれば

$$p_E(0) = n_B(0)\frac{p_B}{n_E} \tag{4.21}$$

となる．すなわち、薄いエミッタ幅の場合は

$$J_{b5} = \frac{qD_p p_B n_B(0)}{n_E W_E} = J_C \frac{D_p}{D_n} \frac{p_B W_B}{n_E W_E} \tag{4.22}$$

となる．より一般的には

$$\frac{J_{b5}}{J_C} = \frac{D_p}{D_n} \frac{\int_{\text{base}} p_B dx}{\int_{\text{emitter}} n_E dx} \tag{4.23}$$

である．

一方、図 4.5 に示すように、エミッタ領域のバンドギャップがベース領域のバンドギャップと異なるヘテロ接合の場合、価電子帯のエネルギーギャップ差 ΔV_p と伝導帯のエネルギーギャップ差 ΔV_n が異なるため

$$\Delta V_n = \Delta V_p + \Delta E_g \tag{4.24}$$

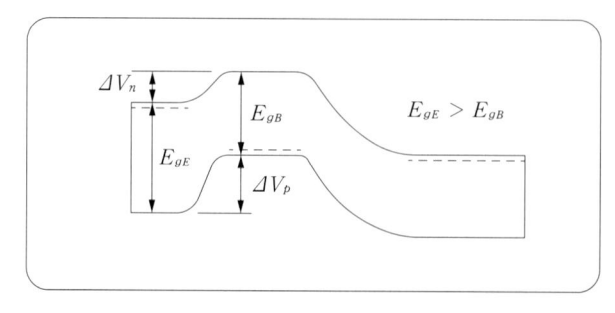

図 4.5 エミッタ-ベースヘテロ接合の場合のエネルギーバンド図

となる．すなわち

$$p_E(0) = n_B(0) \frac{p_B}{n_E} \exp\frac{\Delta E_g}{kT} \tag{4.25}$$

となり，エミッタ領域に注入される正孔濃度が著しく減少し，ベース電流が小さくなる[2)]．

また，シリコンバイポーラトランジスタは，上記のようにベース電流を減少させ，コレクタ電流を増加させるためエミッタ不純物濃度が非常に高くなっている．そのため，エミッタ領域のバンドギャップは低濃度の場合に比べ小さくなっている．図4.6はシリコン高濃度領域での**狭バンドギャップ効果**を示したものである．そのため，エミッタ領域の方がベース領域に比べバンドギャップが小さくなっており，正孔のエミッタへの注入量は増加することになる．

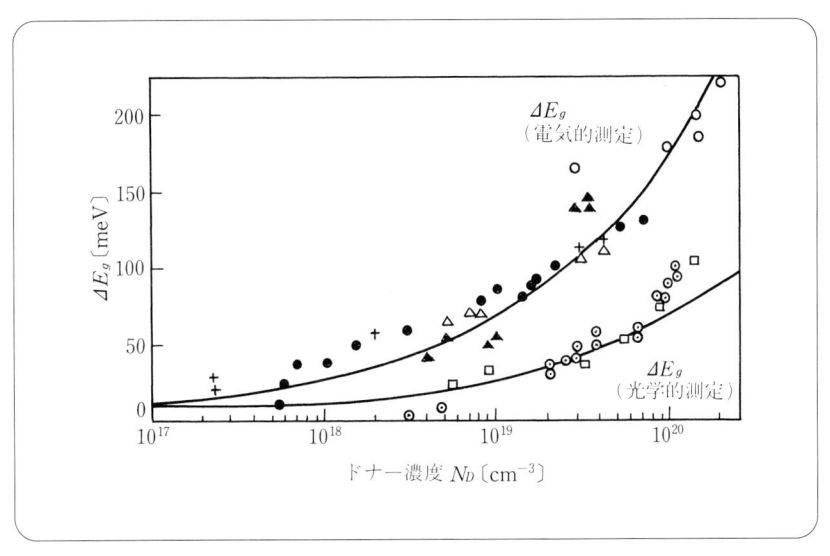

図 4.6 シリコン高濃度領域での狭バンドギャップ効果

4.1.3 コレクタ領域の電荷

エミッタ領域からベース領域へ注入された電荷は，拡散とドリフトでベース領域を通過しコレクタ領域へ到達する．コレクタ-ベース間は逆方法バイアスが印加されているため，コレクタ領域へ入った電荷は加速されてコレクタ電極へと移動する．しかし，コレクタ電流密度に依存してその振舞いが異なってくる．

図4.7は，npnバイポーラトランジスタにおけるコレクタ電流密度の相違によるコレクタ領域の電界の様子を示したものである．コレクタ電流J_Cの少ない低注入時は，ベース正孔濃度に比べて注入される電子濃度が低いため，ベース領域中のコレクタ端での電子濃度はほぼ熱平衡状態になる．コレクタに注入された電子はコレクタ空乏層の電界により加速され高

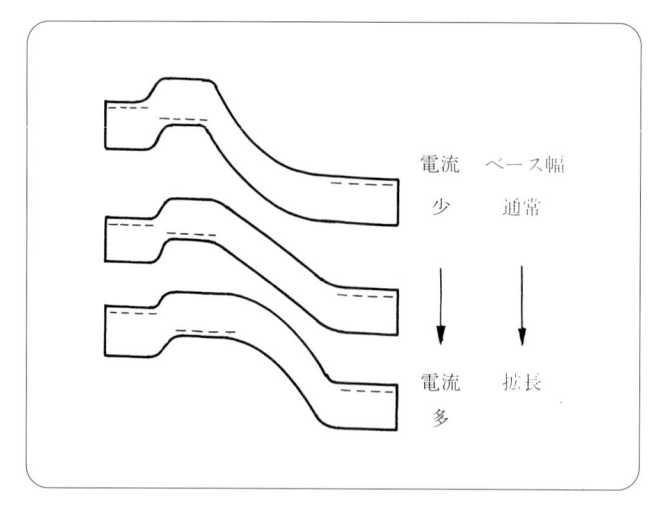

図4.7 コレクタ領域の電界

濃度コレクタ領域へ移動する．ベース領域への注入電子濃度が増加しベース正孔濃度を超えると，ベース領域内の正孔はコレクタ領域中へ拡がり，ベース幅が増加する**ベース幅変調効果（カーク（Kirk）効果）**が起こる．更に，注入電子濃度が増加した高注入時ではベース幅が増加し，低濃度コレクタ領域内に到達した電子によってコレクタ中のポテンシャルが変化し，ベース領域のコレクタ端近傍での電界は零にまで低下することになる．

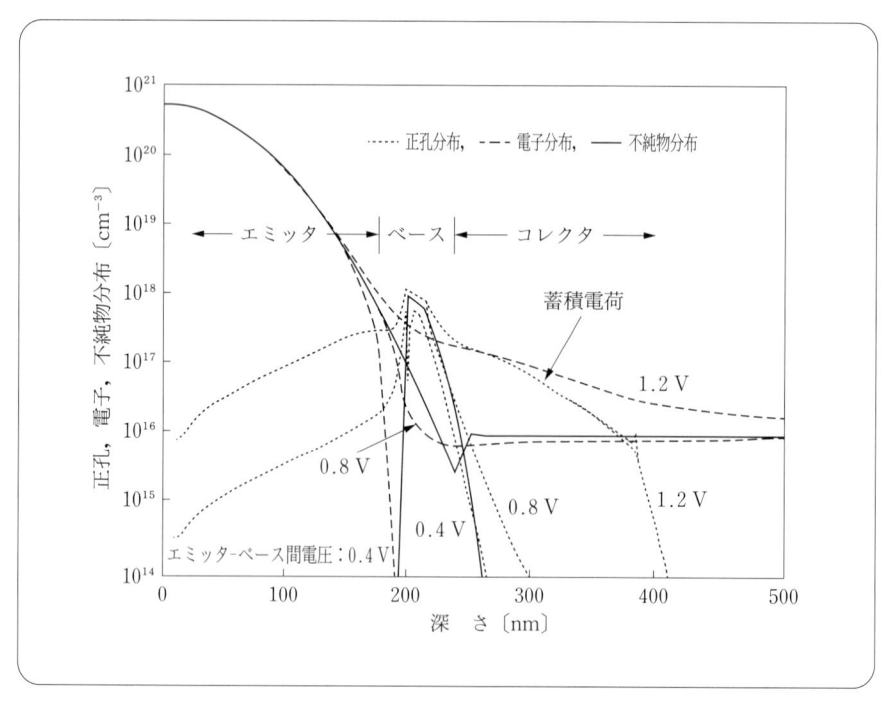

図4.8 低注入及び高注入時にコレクタ領域に蓄積される電荷の分布

図 4.8 は，低注入及び高注入時にコレクタ領域に蓄積される電荷の分布をデバイスシミュレーションにより描いたものである．図より明らかなように高注入時はコレクタ領域内への大幅な正孔蓄積が観測されている．

コレクタ領域への正孔蓄積とともに高速動作は大幅に劣化する．そのため，超高速バイポーラトランジスタでは，正孔蓄積の影響をなくすためにコレクタ濃度の増加，低コレクタ濃度領域を薄層化，ドリフト電界の導入などを行っている．しかし，これらの対策については耐圧とのトレードオフがある．具体的な高速化の技術については次節以下で学ぶ．

4.1.4　寄生領域のトランジスタ性能への影響

図 4.1 に示した一次元バイポーラトランジスタ構造は動作原理を理解する上では役に立つが，実際のトランジスタ構造とは異なっている．すなわち，一次元バイポーラトランジスタ構造そのままではベース領域への電流供給が不可能であり，ベース電極を形成する領域が必要となる．図 4.9(a) は増幅作用を行う本来のトランジスタの基本構成であり，一次元バイポーラトランジスタ構造に近い．この領域を**真性バイポーラトランジスタ**という．図(b)は，真性バイポーラトランジスタにベース電極とコレクタ電極を形成した実際のトランジスタ構造の一例である．ベース電極は**真性ベース領域**の周辺から取り出されている．これはベース抵抗を減少させるためである．

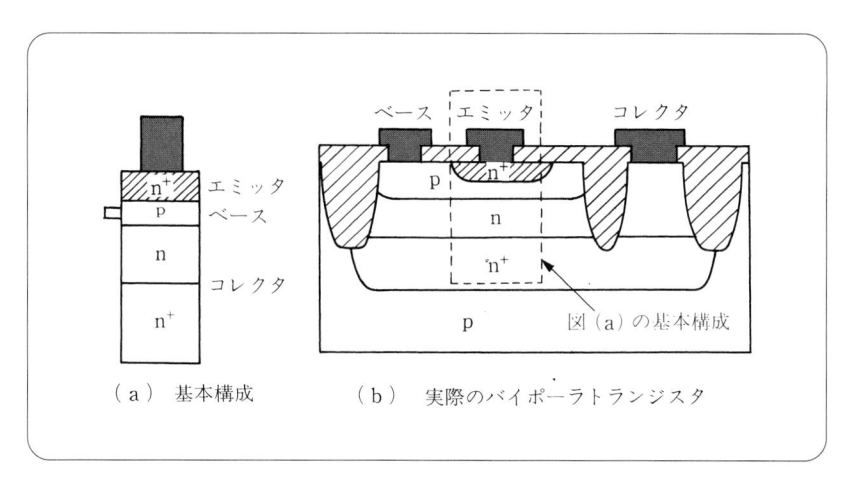

図 4.9　真性バイポーラトランジスタの基本構成と実際の構造

図に示すように実際のバイポーラトランジスタではベース領域が大きくなったため，真性バイポーラトランジスタに付随した容量や抵抗，ダイオードなどが形成されている．これらのデバイスは真性バイポーラトランジスタ領域外に形成された寄生デバイスとなって高速動作を妨げている．

56　　4. シリコンバイポーラトランジスタ

寄生デバイスとしては

① エミッタ側面と寄生ベース領域の接合で形成されている**エミッタ-ベース間側面容量**
② 寄生ベース領域とコレクタ領域の接合で形成されている**ベース-コレクタ間容量**
③ ベース電極と真性ベース領域との間の**ベース抵抗**
④ コレクタ電極と真性コレクタ領域間の**コレクタ抵抗**
⑤ 各領域間で作られるダイオードや寄生トランジスタ

が主なものである．

　寄生ベース領域は表面濃度が高く深さ方向へ低く形成されているために，エミッタ-ベース間側面容量は表面部分の方が高い値となっており，真性バイポーラトランジスタのエミッタ-ベース間容量に比べて無視できない場合が多い．また，寄生ベース領域はベース電極をその上に形成するために設けられた領域のため面積が大きく，寄生ベース-コレクタ間容量は真性ベース-コレクタ間容量よりも大きい場合が多い．コレクタ-ベース間容量は通常入出力端子間容量となり，またミラー容量として回路動作に影響を与えるために無視できない．
　ベース抵抗はバイポーラトランジスタの構成上欠くことのできない寄生デバイスであり，そのまま入力抵抗となるために高速性能を妨げている．ベース抵抗は図 4.10 に示すように流れる電流の向きが横方向から縦方向へ移動するために，トランジスタの構造やベース電流によって抵抗値が変わる．また，真性ベース領域の抵抗が寄生ベース領域の抵抗よりも高いた

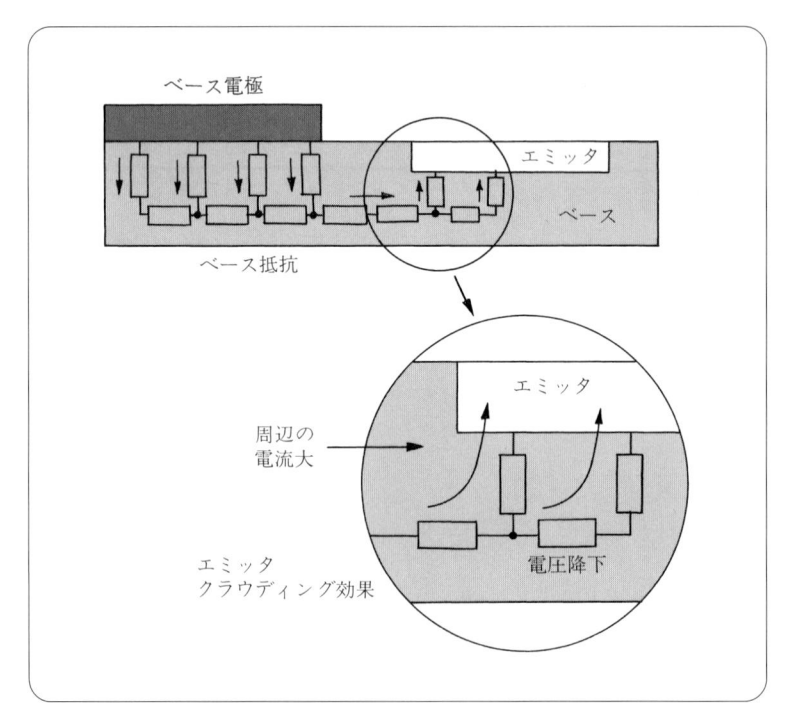

図 4.10　ベース抵抗とエミッタクラウディング効果

め，ベース電流が大きい場合には，電圧降下のためにエミッタ周辺のみしか電流が流れなくなる現象があり，これを**エミッタクラウディング効果**という．そのため，ベース電流が大きいときにベース抵抗が低下する．また，コレクタ抵抗は集積回路においては，コレクタ電極を表面より取り出さなければならないため，必然的に形成される寄生デバイスである．

4.2 シリコンバイポーラトランジスタ

エミッタ-ベース接合がホモ接合のシリコンバイポーラトランジスタ[3]は，微細加工の可能なシリコン技術を用いて作られており，複雑な構造によって超高速動作を達成している．本節では，どのようにして高速化を実現しているかについて学ぶ．

4.2.1 トランジスタ構造と不純物ドーピングプロファイル

図4.11は**アイソプレーナ形**シリコンバイポーラトランジスタ構造の平面図と断面図である．エミッタ電極の左右にベース電極とコレクタ電極が形成されている．コレクタ領域およびベース領域周囲の厚い酸化膜によって横方向にある隣接トランジスタと分離されている．このように分離領域に酸化膜を用いることによりベース領域が分離領域と直接接触できるた

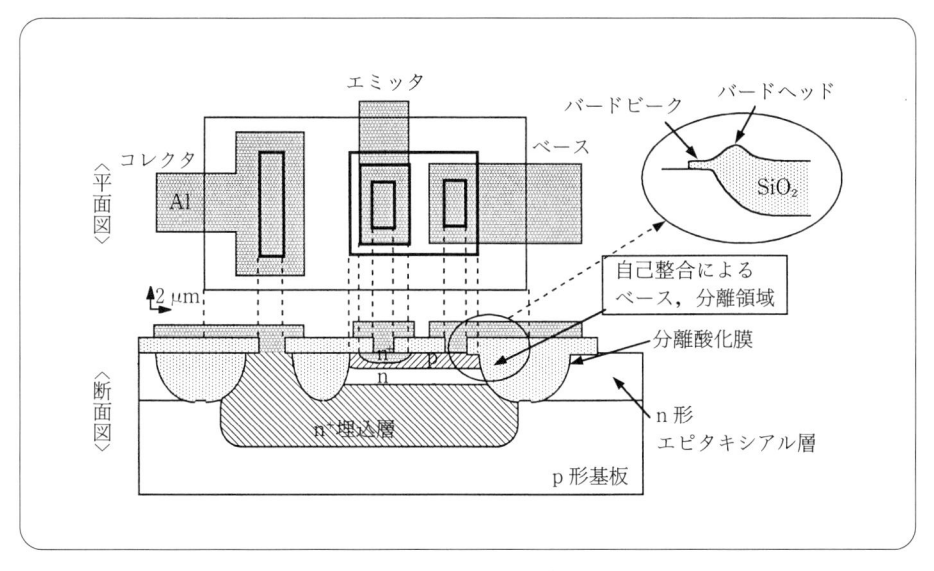

図4.11 アイソプレーナ形シリコンバイポーラトランジスタの構造

め，分離領域をpn接合で形成するよりもベース面積が縮小され，またベース-コレクタ間寄生容量も小さくなる．

図4.12は，シリコンバイポーラトランジスタの不純物ドーピングプロファイルである．真性バイポーラトランジスタの不純物濃度はエミッタ領域が10^{20}cm^{-3}以上のピーク濃度であり，ベース領域10^{18}cm^{-3}，低濃度コレクタ領域10^{16}cm^{-3}であり，エミッタ領域のほうがベース領域よりも2桁ほど高濃度になっている．また，低濃度コレクタ領域の下にはコレクタ抵抗を減少させるため高濃度コレクタ領域が埋め込まれている．

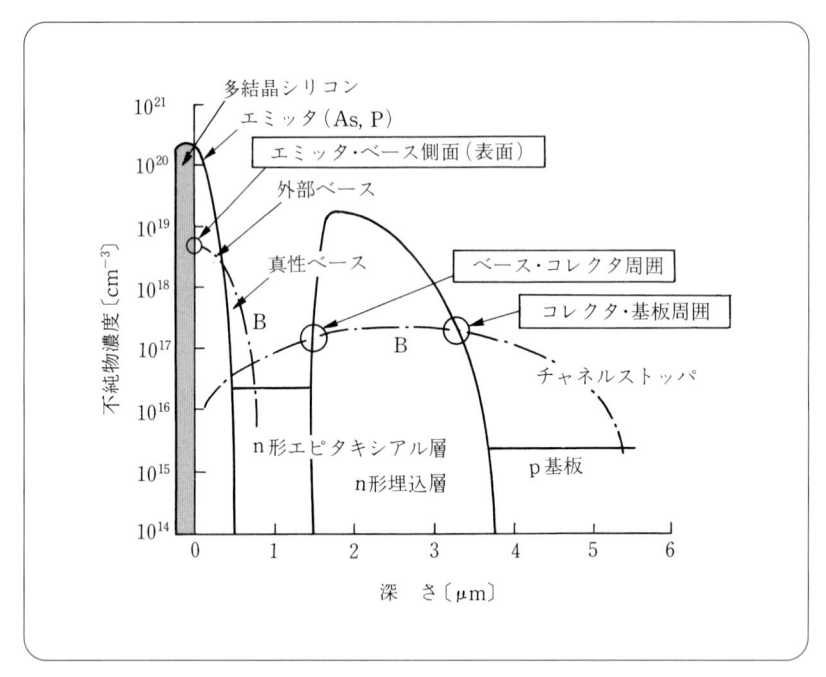

図4.12 シリコンバイポーラトランジスタの不純物ドーピングプロファイル

一方，寄生デバイスの不純物濃度を検討してみると，寄生ベース領域の表面濃度は約10^{19}cm^{-3}であり，エミッタ-ベース間側面容量は真性トランジスタの単位面積当りの値に比べ大きくなっていることが分かる．また，ベース抵抗は寄生ベース領域が真性ベース領域よりも厚いため抵抗値は低い．ただし，寄生ベース領域の容量はベース-コレクタ間寄生容量となる．また，分離酸化膜下に形成される反転層によるリーク電流を防止するために，やや濃度の高いp形層を作らなければならない．図には「**チャネルストッパ**」として描かれているが，分離酸化膜に接触しているベース-コレクタ接合部分はそれ以外のベース-コレクタ間の単位寄生容量よりも高い値となる．更に，コレクタ埋め込み層周辺と基板との接合もやや高濃度であり，コレクタ-基板間の寄生容量を形成している．

4.2.2 ベース抵抗

図 4.13(a)は npn シリコンバイポーラトランジスタのベース電流の流線に沿っての抵抗

(a) ベース抵抗成分

(b) ベース抵抗のコレクタ電流依存性

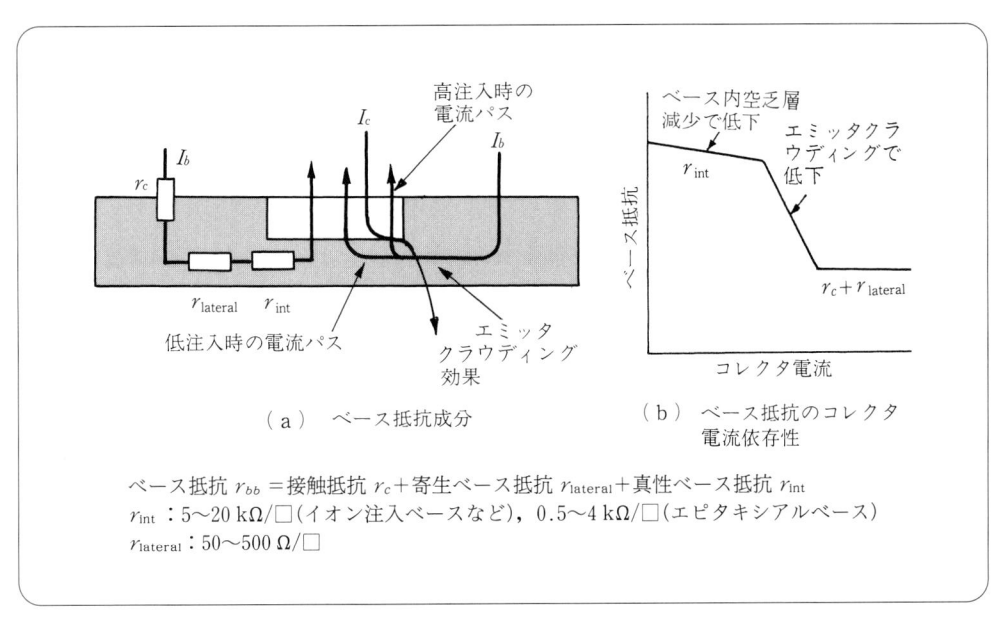

ベース抵抗 r_{bb} ＝接触抵抗 r_c ＋寄生ベース抵抗 $r_{lateral}$ ＋真性ベース抵抗 r_{int}
r_{int}：5〜20 kΩ/□（イオン注入ベースなど），0.5〜4 kΩ/□（エピタキシアルベース）
$r_{lateral}$：50〜500 Ω/□

図 4.13 npn シリコンバイポーラトランジスタのベース抵抗

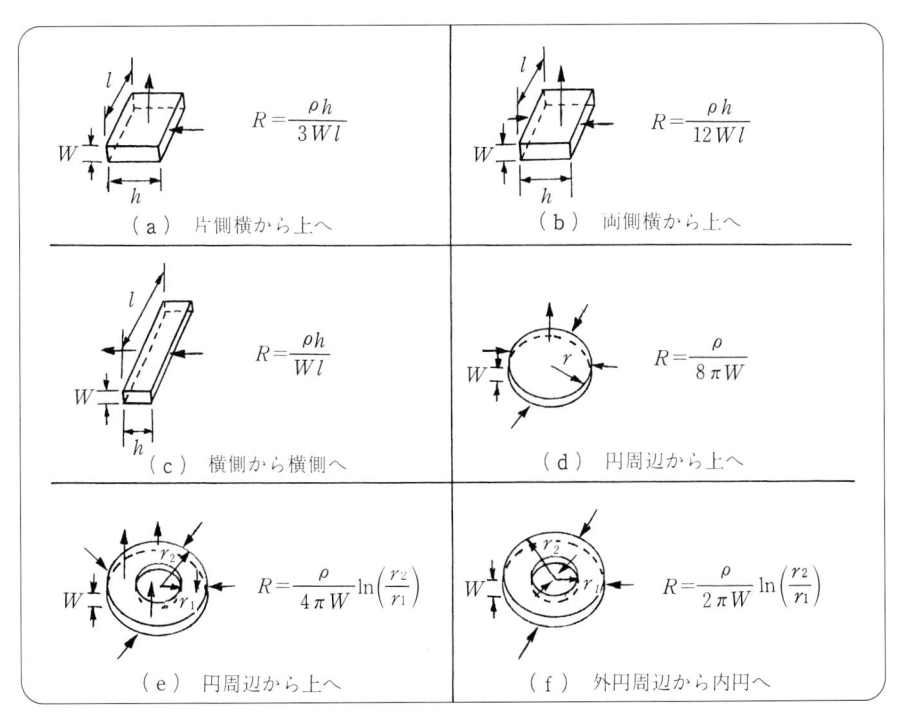

(a) 片側横から上へ $R = \dfrac{\rho h}{3Wl}$

(b) 両側横から上へ $R = \dfrac{\rho h}{12Wl}$

(c) 横側から横側へ $R = \dfrac{\rho h}{Wl}$

(d) 円周辺から上へ $R = \dfrac{\rho}{8\pi W}$

(e) 円周辺から上へ $R = \dfrac{\rho}{4\pi W}\ln\left(\dfrac{r_2}{r_1}\right)$

(f) 外円周辺から内円へ $R = \dfrac{\rho}{2\pi W}\ln\left(\dfrac{r_2}{r_1}\right)$

図 4.14 ベース電極の位置による真性ベース抵抗の相違

（ベース抵抗成分）を表したものである．図に示したようにベース抵抗はベース電極とp形層との接触抵抗と寄生ベース領域の抵抗と真性ベース抵抗との和で表される．低注入時ではベース電流は真性ベース領域にも多く流れるが，高注入時ではエミッタクラウディング効果のため周辺のみに流れるため，コレクタ電流の増加とともにベース抵抗値は減少する．図（b）は，ベース抵抗のコレクタ電流依存性を示す．高注入時でのベース抵抗は寄生ベース領域の抵抗値に近づいていることが分かる．

また，真性ベース抵抗は真性ベース領域への電流の流線の方向で異なった値を示す．図4.14は，ベース電極の位置による真性ベース抵抗の相違を示したものである．ベース電極が一つの場合よりもエミッタの両側に配置した二つの場合のほうが，真性ベース抵抗は1/4に減少していることが分かる．

4.2.3　多結晶シリコン技術の応用

高速動作を達成するためエミッタ，ベース領域の浅接合化とともに，シリコンバイポーラトランジスタでは多結晶シリコンの応用が盛んになっている．多結晶シリコン技術の応用[3]としては次のものが挙げられる．

① 浅接合での金属反応対策　② 浅接合を形成するための不純物源
③ 寄生領域の縮小　④ 電流増幅率向上　⑤ **自己整合技術**への応用

多結晶シリコンを応用したトランジスタ構造や特性の改良は次節で詳細に学ぶが，本項ではバイポーラトランジスタに用いられている一般的な多結晶シリコン技術について学ぶ．

図4.15は，エミッタ浅接合化のための多結晶シリコンの応用例を示したものである．エミッタ電極とエミッタ領域との接触抵抗を低下させるためにシリサイド化を行うが，熱処理

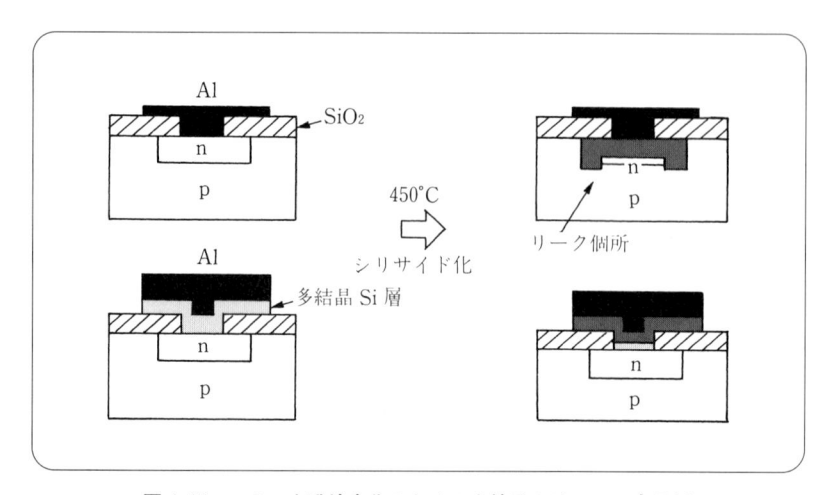

図4.15　エミッタ浅接合化のための多結晶シリコンの応用例

によってエミッタ電極の金属反応層がエミッタ領域を突き抜けるとリークの原因となる．これを防止するため，多結晶層をエミッタ上部に堆積することによって解決している．更に，多結晶シリコンを浅接合形成のための不純物拡散源として用いると同時に配線電極として応用している例もある．

バイポーラトランジスタに応用される多結晶シリコンは，トランジスタの製造プロセスの途中で500〜900℃程度の温度で基板表面に堆積される．このとき，基板表面は絶縁膜と単結晶面の双方が露出されている場合が多く，絶縁膜上でも単結晶面上でも多結晶シリコン層は均一に堆積されなければならない．温度を高くして堆積を行うと不均一な多結晶層が形成されるため通常は低温で堆積を行っている．**図 4.16** は堆積された多結晶シリコン層の断面構造を模式的に示したものである．多結晶シリコン層は堆積初期には非常に小さな結晶粒であり，堆積膜厚が厚くなるにつれて大きな結晶粒なっている．更に結晶粒と結晶粒との間には粒界（グレインバウンダリ）が存在している．多結晶シリコン層への不純物ドーピングは，堆積後のイオン注入や多結晶シリコン層の堆積中になされることが多い．イオン注入による不純物ドーピング後の熱処理によって結晶性を回復させて用いることが多い．

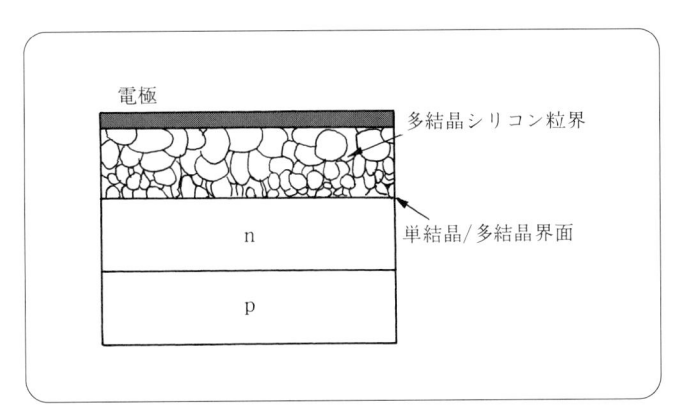

図 4.16 多結晶シリコン層の断面構造

図 4.17 は，多結晶シリコン層へヒ素をイオン注入し熱処理を行ったときの結晶回復の様子を **RBS**（Ratherford back-scattering spectroscopy）法[4]によって観測した結果である．多結晶シリコン層は単結晶・多結晶界面から結晶回復が行われ，ヒ素濃度の高いほうが良好な結晶性を示していることが分かる．

シリコンは堆積温度によって結晶性が異なってくる．SiH_4 をシリコン源として約570℃以上で窒素雰囲気中で熱分解を行うと，多結晶層が堆積するが，Si_2H_6 などを550℃以下で熱分解すると非晶質層が形成される．3章で学んだドープト多結晶シリコンは低温の熱処理で不純物高濃度と高移動度が得られ，これをエミッタに用いると浅接合による高速化が可能となる．そのため，超高速 SiGe バイポーラトランジスタにも多く応用されている．

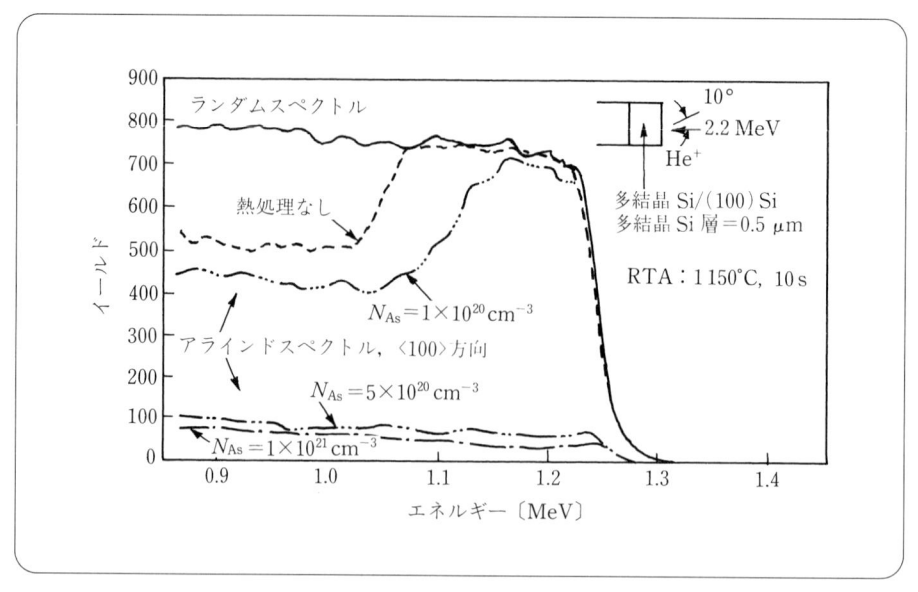

図 4.17 多結晶シリコンの熱処理による結晶性

談話室

容量を下げる 高速化はまず寄生容量の減少から始まる．寄生領域の縮小や寄生容量の減少の効果は大きい．**図 4.18** は，真性領域及び寄生領域直下に存在する接合容量を減少させる方法である．化合物半導体デバイスでは半絶縁性基板を用いてソース及びドレーン領域などに付随する寄生容量を減少させている．半絶縁性基板が利用できない Si デバイスでは絶縁性基板を用いる．**SOI**（silicon on insulator）という．SOI はショ

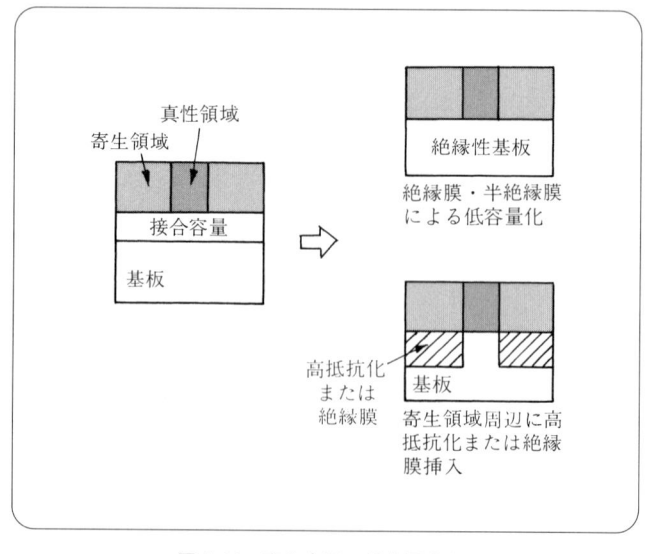

図 4.18 寄生容量の低容量化[5),6)]

ートチャネル MOSFET で多く用いられてきている．シリコンバイポーラトランジスタでは寄生ベース領域を酸化膜上に形成して寄生容量を減少させている．言い換えると寄生ベース領域直下に酸化膜を敷いて容量を減少させている．この場合は酸化膜が絶縁体のため比誘電率がシリコンの場合に比べて 1/3 以下となるため効果は大きい．また，HBT では寄生ベース直下をイオン注入法などにより半絶縁性にして寄生容量を低下させる場合もある．このときは比誘電率は変わらないが半絶縁性膜の厚さがもとの空乏層よりも大きい場合は効果がある．寄生領域はトランジスタの本来の動作をしている真性領域に直接隣り合っていることが多いので，これらの構造は自己整合技術をもって作られることが多い．

微細化しても必ず寄生領域は存在し，寄生容量となる．全体の容量に比較し，寄生容量がどの程度の割合になっているかを解析することが高速化の一歩といえる．

4.2.4 多結晶シリコン応用微細化バイポーラトランジスタ

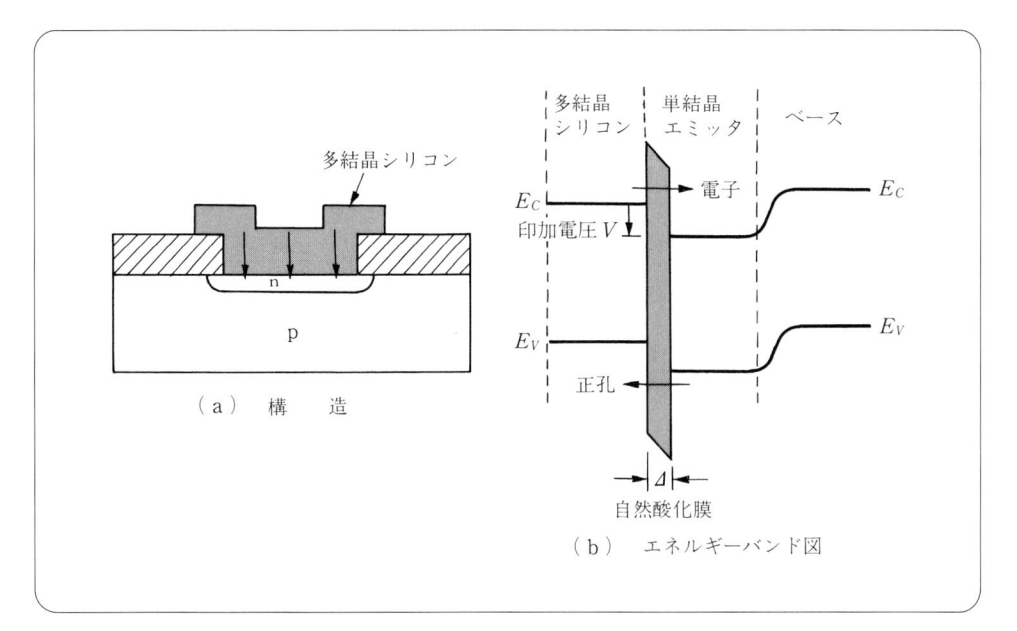

〔1〕 多結晶シリコンエミッタバイポーラトランジスタ

多結晶シリコン層から不純物を拡散してエミッタ領域を形成したバイポーラトランジスタ構造を図 4.19(a) に示す．この構造は，ベース領域上に形成した酸化膜のエミッタ領域部分を開口し，不純物を含んだ多結晶シリコン層を堆積したのち熱処理によってベース領域内

(a) 構造

(b) エネルギーバンド図

図 4.19 多結晶シリコンエミッタバイポーラトランジスタ

に不純物を拡散して容易に浅いエミッタ-ベース接合を製造するものである．図(b)にそのエネルギーバンド図を示す．簡単な前洗浄では，多結晶シリコン層と単結晶シリコンの間には通常厚さ数 nm の自然酸化膜（厚さ Δ）が形成される．酸化膜はバンドギャップが約 9 eV の絶縁体であるが，電子はトンネリングによってエミッタに注入される．

　エミッタ領域に多結晶シリコン層を用いるとエミッタ領域の幅 W_E はどのようになるであろうか．図 4.20 は，多結晶シリコンエミッタ npn バイポーラトランジスタのベース電流密度の多結晶シリコン膜厚依存性を示したものである．多結晶シリコン層が存在しない場合ベース電流は大きな値となるが，膜厚が増加するにつれて電流値が減少している．また，約 150 nm 以上の膜厚で電流値が飽和していることが分かる．このことは，エミッタ領域へ注入された正孔が多結晶シリコン層と単結晶シリコンとの界面で再結合するのではなく，多結晶シリコン層内で 150 nm 程度拡散して再結合していることを示している．すなわち，多結晶シリコン層は金属電極として動作しているのではなく，エミッタ領域の延長であるということである．その結果，エミッタ領域に注入された正孔は図 4.21 のように分布していると考えられる．このことにより，多結晶シリコンエミッタは実効的にエミッタの表面再結合速度を下げる働きをし，ベース電流の増加を抑制し電流増幅率の劣化防止に寄与している．

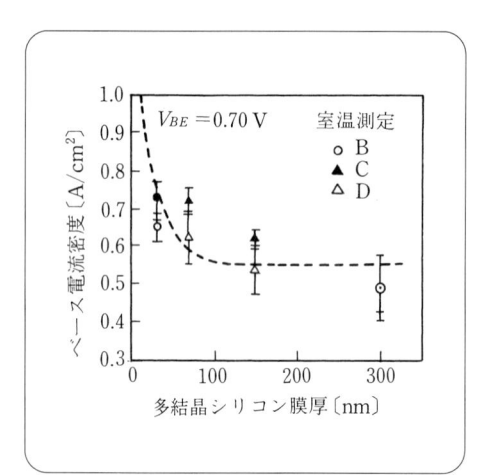

図 4.20　ベース電流の多結晶シリコン膜厚依存性

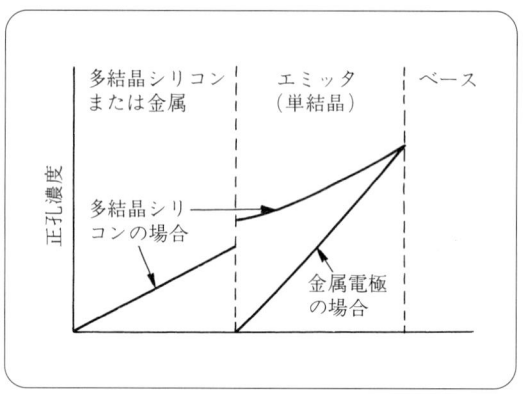

図 4.21　エミッタ領域に注入された正孔の分布

　ドープト多結晶シリコン層をエミッタ電極に用いたバイポーラトランジスタは，いままでに述べたような多結晶シリコンエミッタと特性が異なっている．図 4.22 にトランジスタの断面図とガンメルプロットを示す．ドープト多結晶シリコン層をエミッタ電極に用いるとベース電流が更に小さく，高い電流増幅率を持ったバイポーラトランジスタが得られている．この原因は，ドープト多結晶シリコン層の形成でエミッタ領域が通常の多結晶シリコンに比較して，やや広いバンドギャップを有するという実験結果から明らかになっている．

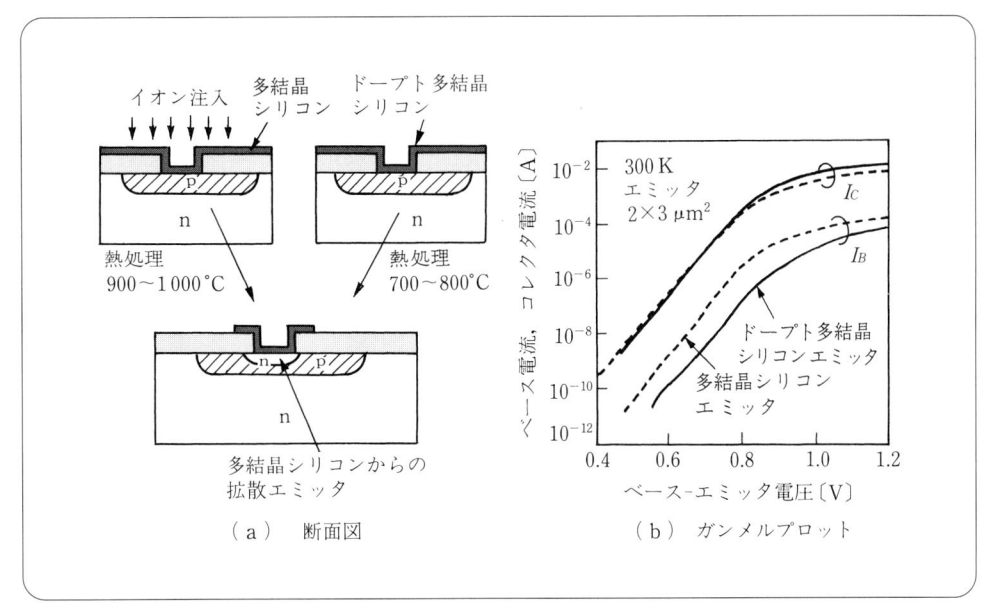

図 4.22 ドープト多結晶シリコン層をエミッタ電極に用いたバイポーラトランジスタ

〔2〕 2層多結晶シリコンバイポーラトランジスタ

多結晶シリコン層をエミッタ領域だけでなくベース領域へも応用した2層多結晶シリコンバイポーラトランジスタは

① エミッタ，ベース領域の浅接合化　　② 自己整合構造による寄生領域の縮小
③ ベース-コレクタ間寄生容量値の減少　　④ ベース抵抗値の低減
⑤ 多結晶シリコンを利用した各種抵抗および回路容量の作成

が可能なため，超高速バイポーラトランジスタではよく用いられている．近年は，ベース領域へ用いる多結晶シリコンに代わって，シリサイドや高融点金属などを用いて更にベース抵抗を減少させた構造も多い．

図 4.23 は，エミッタ領域とベース領域の双方に2層の多結晶シリコン層を用いることによる寄生領域の縮小効果を示したものである．2層多結晶シリコンバイポーラトランジスタは，エミッタ領域周囲のベース領域から酸化膜上に形成されている多結晶シリコンによってベース電極を取り出した構造になっている．超高速バイポーラトランジスタはベース抵抗低減のためにベース領域の両端から電極を配置する**ダブルベース電極構造**が採用されている．アイソプレーナ構造にダブルベース電極構造を採用すると，ベース領域が拡大するためベース-コレクタ寄生容量が増加するが，ベース領域へ多結晶シリコンを応用することにより大幅に寸法が改善されていることが分かる．また，この構造は，多結晶シリコンベース電極からエミッタ領域への距離が一定に設計できる自己整合技術で作られている．すなわち，多結

66　4. シリコンバイポーラトランジスタ

(a) アイソプレーナ形バイポーラトランジスタ
　　　(ダブルベース電極構造)

(b) 2層多結晶シリコン形バイポーラトランジスタ

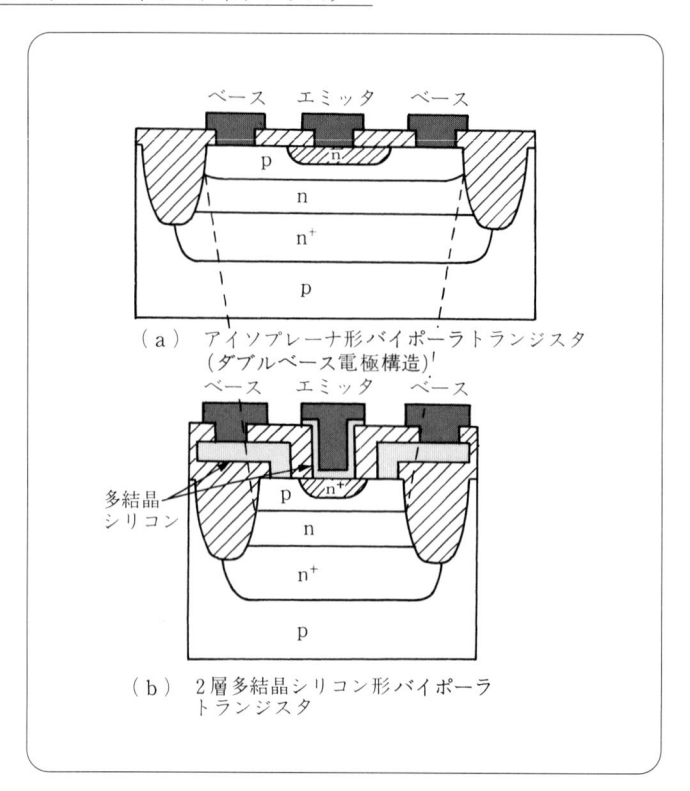

図4.23　2層多結晶シリコンバイポーラトランジスタの寄生領域の縮小効果

晶シリコンの酸化や酸化膜堆積などによって多結晶シリコンベース電極より一定の膜厚距離分だけ縮小した領域にエミッタ領域を形成している．その結果，寄生ベース領域の無駄な部分が小さくなり，寸法も小さく寄生デバイスの少ない構造が実現できている．

　図4.24は，2層多結晶シリコンバイポーラトランジスタの断面図及び断面写真である．このトランジスタでは，コレクタ-ベース間容量減少に加え，更にコレクタ-基板間容量を低減させるためにSOI基板を用いた構造を採用している．SOI基板は，厚いシリコン基板上に酸化膜を設けその上に薄い単結晶シリコン層を形成したものであり，数々の利点がある．特に，高いエネルギーを持った放射線入射で発生する電子・正孔対による回路の誤動作防止に効果がある．

　このように多結晶シリコン層をベース領域へ応用することにより寄生ベース領域の縮小が可能になる．更に，いろいろなプロセス技術を駆使することにより，より寄生領域の影響が少ない構造を実現でき，超高速性能を得ることが可能となる．図4.25は，いろいろな2層多結晶シリコンバイポーラトランジスタの断面構造を示したものである[5]．これらの構造の相違はエミッタ面積とベース面積との比が異なっていることであり，いかにして寄生ベース領域を小さくし，寄生容量を減少させて高速性能を向上させるかに注意がはらわれている．

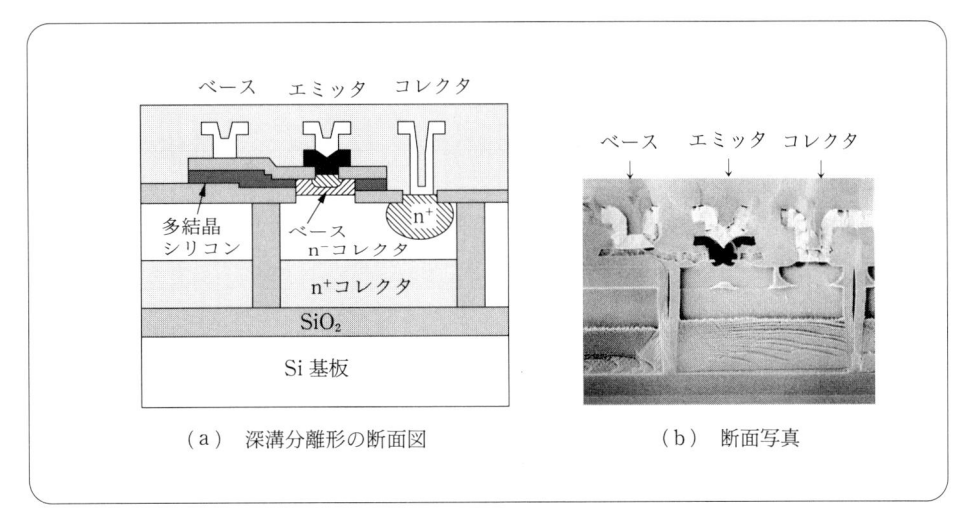

図 4.24 2層多結晶シリコンバイポーラトランジスタ（深溝分離形）

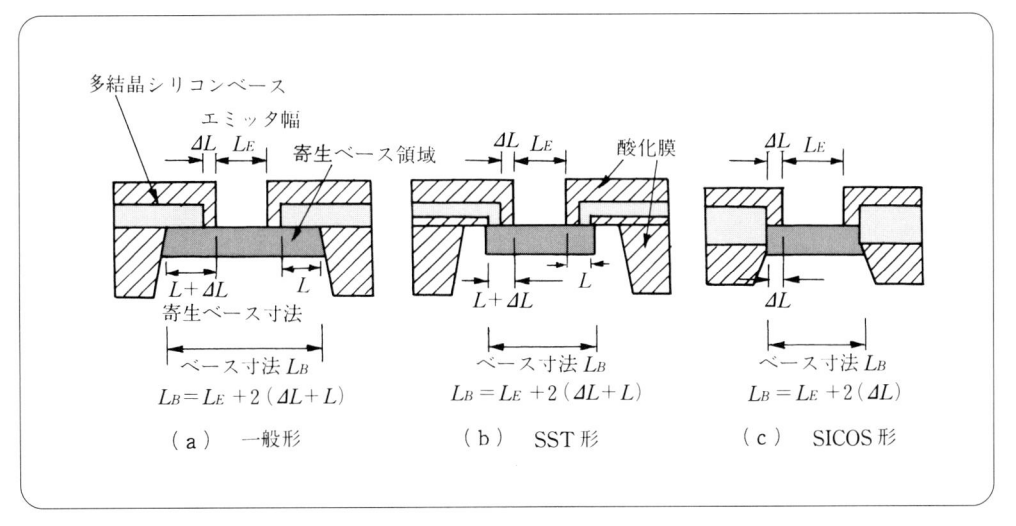

(a) 深溝分離形の断面図　　(b) 断面写真

図 4.25 2層多結晶シリコンバイポーラトランジスタの形式

(a) 一般形　　$L_B = L_E + 2(\Delta L + L)$

(b) SST形　　$L_B = L_E + 2(\Delta L + L)$

(c) SICOS形　　$L_B = L_E + 2(\Delta L)$

　図(a)は広く用いられている構造[†]である．分離酸化膜内部全体にベース領域が形成されていることが特徴であり，図(b)，(c)の構造に比べて製造しやすい構造である．エミッタ領域は分離酸化膜内部に形成されたベース領域内に形成され，寄生ベース領域は多結晶シリコン層より拡散された高濃度ｐ形層である．この構造では，寄生ベース領域の寸法は $2(L + \Delta L)$ となり，エミッタ寸法が L_E のとき全ベース寸法 L_B は $L_E + 2(L + \Delta L)$ となる．

　図(b)は **SST**（super self-aligned process technology）形と呼ばれているトランジスタ構造である．後述する製造方法から明らかとなるが，エミッタ領域の周囲に一定の距離 ΔL

[†] 一般形，**GST**（giga-speed bipolar technology），**ESPER**（emitter-base self-aligned structure with polysilicon electrode and resistor）と呼ばれている．

だけ離れた位置にベース電極部分が形成されており，エミッタの寸法が決定されると自己整合的にベース寸法が決定される．すなわち，全ベース寸法 L_B は $L_E + 2(L + \Delta L)$ で一般形と同じであるが，寄生ベース寸法を小さくできるため高速性能が得られる．

図(c)は，ベース領域の側面より電極を取り出した **SICOS** (sidewall base contact structure) 形構造で，エミッタ面積とベース面積との比を1に近づけたトランジスタである．分離酸化膜内部全体がベース領域となっており，その内部全体にエミッタ領域が形成されている．全ベース寸法 L_B は $L_E + 2\Delta L$ で，エミッタ面積とベース面積とがほぼ同じであり，逆方向動作（電荷を上方向に流して動作させる）での電流増幅率が大きくできる．

図4.26には，2層多結晶シリコンバイポーラトランジスタの製造プロセスの概略を示す．

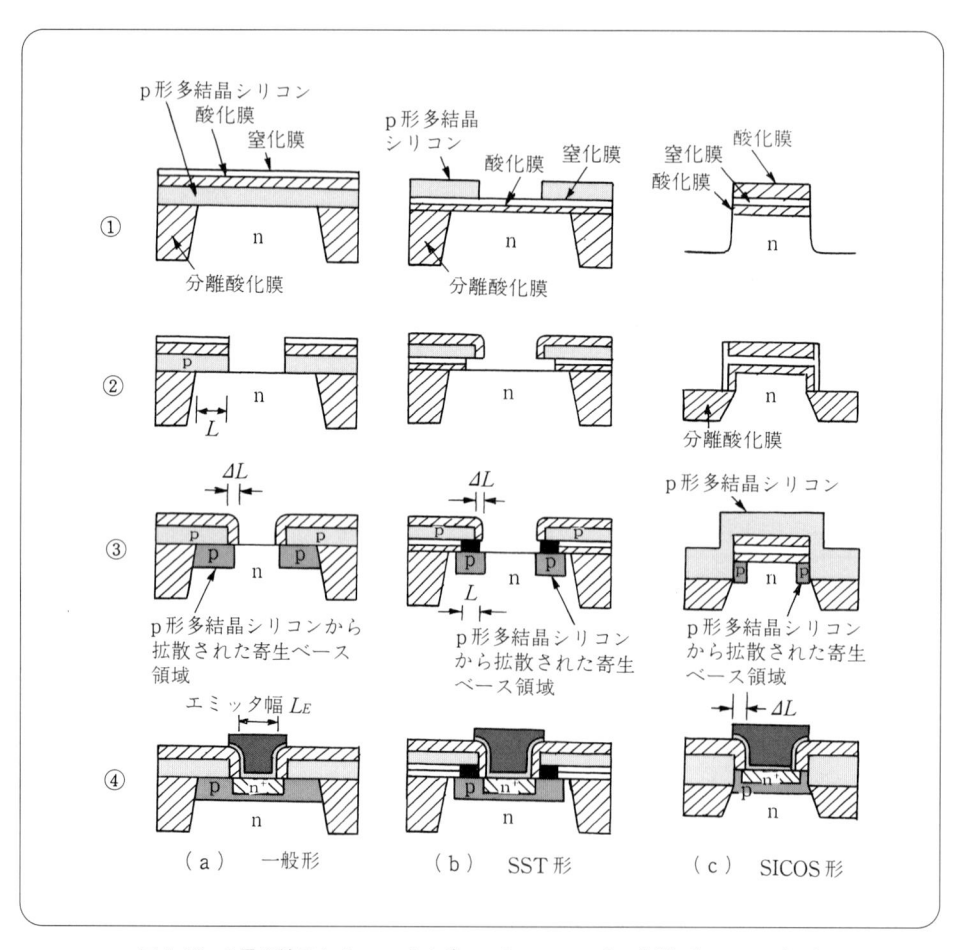

図4.26　2層多結晶シリコンバイポーラトランジスタの製造プロセスの概略

一般形トランジスタは以下のようなプロセスで製造される．
① コレクタ層及び分離酸化膜を形成したのち，高濃度p形多結晶シリコン膜，シリコン酸化膜，シリコン窒化膜の順に多層膜を堆積する．

4.2 シリコンバイポーラトランジスタ

② ベース領域形成位置に本多層膜を開口する．

③ 酸化雰囲気中で熱処理し，高濃度 p 形多結晶シリコン膜の側面を酸化する．このとき，高濃度 p 形多結晶シリコン膜中から p 形不純物が単結晶シリコン中に拡散し，p^+ 寄生ベース領域を形成する．

④ 開口面より p 形不純物をイオン注入し熱処理して真性ベース領域を形成する．その後，基板表面に多結晶シリコン膜を堆積し n 形不純物をイオン注入し熱処理してエミッタ領域を形成する．

このようなプロセスでトランジスタを形成すると，高濃度 p 形多結晶シリコン膜と単結晶層との接触寸法 L はホトマスクの合わせ余裕より大きく設計しなければならない．すなわち，高濃度 p 形多結晶シリコン層が，分離酸化膜内に形成されているベース領域周囲に接触することが必要となる．これに対し，SST 形トランジスタは寄生ベース領域縮小をねらって以下のように製造される．

① コレクタ層及び分離酸化膜を形成後に，シリコン酸化膜，シリコン窒化膜，高濃度 p 形多結晶シリコン膜を堆積し，ベース領域形成位置に多結晶シリコン膜を開口する．

② 酸化雰囲気中で熱処理し，高濃度 p 形多結晶シリコン膜を酸化したのち，開口部のシリコン窒化膜，及びシリコン酸化膜をエッチングする．

③ 多結晶シリコン膜を堆積し，異方性ドライエッチングを行うと，いままで離れていた高濃度 p 形多結晶シリコン膜は開口側面で単結晶基板に接続される．

④ 更に酸化雰囲気中で熱処理して開口側面の多結晶シリコン層を酸化すると，高濃度 p 形多結晶シリコン膜中から p 形不純物が単結晶シリコン中に拡散し，p^+ 寄生ベース領域が形成される．開口面より p 形不純物をイオン注入し熱処理して真性ベース領域を形成する．その後，基板表面に多結晶シリコンを堆積し n 形不純物をイオン注入し熱処理してエミッタ領域を形成する．

このプロセスでトランジスタを形成すると，高濃度 p 形多結晶シリコン膜と単結晶層との接触寸法 L はホトマスクの合わせ余裕とは依存しないため，一般形トランジスタに比較しより小さく形成できる．

また，SICOS 形トランジスタは以下のように製造される．

① コレクタ層を形成したのち，シリコン酸化膜，シリコン窒化膜，シリコン酸化膜を堆積し，異方性ドライエッチングによってエミッタ領域及びコレクタ引き出し電極位置を凸形形状に加工する．

② シリコン酸化膜及びシリコン窒化膜を堆積し，更に異方性ドライエッチングにより凸形領域の側面のみにシリコン窒化膜を残す．酸化雰囲気中で熱処理し，分離酸化膜を形成する．

③ 凸形領域側面のシリコン窒化膜，シリコン酸化膜を除去し，その後高濃度 p 形多結晶シリコン膜を堆積しホトレジストを使用して平坦化し，異方性ドライエッチングで凸形領域上面の高濃度 p 形多結晶シリコン膜を除去する．このとき，高濃度 p 形多結晶シリコン膜は凸形領域側面で単結晶基板に接続される．

④ 更に酸化雰囲気中で熱処理して高濃度 p 形多結晶シリコン膜を酸化すると，高濃度 p 形多結晶シリコン膜中から p 形不純物が単結晶シリコン中に拡散し，p^+ 寄生ベース領域が形成される．凸形領域上面に形成されていたシリコン窒化膜，シリコン酸化膜を除去し，開口面より p 形不純物をイオン注入し熱処理して真性ベース領域を形成する．その後，基板表面に多結晶シリコンを堆積し n 形不純物をイオン注入し熱処理してエミッタ領域を形成する．

このプロセスでトランジスタを形成すると，エミッタ領域と真性ベース領域とがほぼ等しい形状が実現されることになる．

これらの自己整合形バイポーラトランジスタは，製造プロセスが複雑になるが，マスク合わせ寸法精度に依存しないで寄生ベース領域を小さくできるという利点がある．しかし，マスク合わせ寸法精度が著しく改善されると効果が薄れるという欠点がある．そのため，どのプロセスが最適かはマスク合わせ精度とプロセスの複雑さを考慮して決められる．

図 4.27 は，2 層多結晶シリコンバイポーラ自己整合 SICOS 形トランジスタの性能を，アイソプレーナ形トランジスタ構造の性能と比較したものである．アイソプレーナ形に比べ，SICOS 形はベース-コレクタ間寄生容量が大幅に減少し高速性能が向上していることが分かる．ベース-コレクタ間寄生容量減少の効果は遮断周波数の向上に寄与している．また，エミッタ面積，ベース面積，コレクタ面積がほぼ同一のため，逆方向動作時の電流増幅率が

項　目	アイソプレーナ	SICOS
エミッタ寸法	$2 \times 3 \mu m^2$	$2 \times 3 \mu m^2$
電流増幅率（順方向）	80	50
電流増幅率（逆方向）	5	70
エミッタ-ベース容量	27 fF	18 fF
コレクタ-ベース容量	25 fF	8 fF
コレクタ-基板容量	45 fF	15 fF
ベース抵抗	700 Ω	500 Ω
順方向遮断周波数	7 GHz	14 GHz
逆方向遮断周波数	0.05 GHz	4 GHz

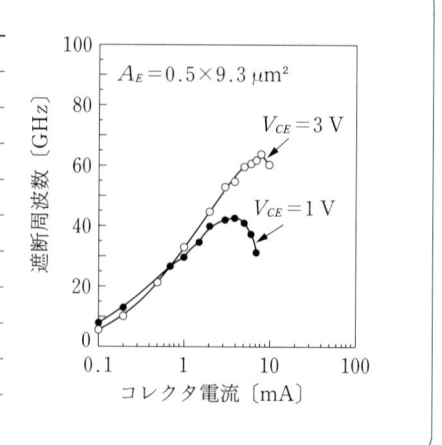

図 4.27　SICOS の性能

非常に大きくなっている．逆方向動作時の電流増幅率のほうが順方向動作時よりも大きい理由は，埋め込み n 形層が厚く逆方向動作時のエミッタガンメル数が大きいためである．

4.2.5 超高速シリコンバイポーラトランジスタ特有の高速化構造

エミッタ領域及び寄生ベース領域に多結晶シリコンを用いることによる高速特性の向上の効果は著しいものがあるが，その他に超高速バイポーラトランジスタで用いられている高速化への工夫について学ぶ．

☕ 談 話 室 ☕

真性トランジスタ領域とコレクタ電流の流れる領域　トランジスタのエミッタより注入した電荷がどのようにコレクタ領域に流れるかを理解することは，いままで述べてきたトランジスタの真性領域と寄生領域を区別する上で，大変重要である．電荷の流れない領域は寄生領域となって本来のトランジスタ動作を妨げる影響を与える．図 4.28 は，コンピュータシミュレーションにより npn バイポーラトランジスタの電子電流（矢印は電流の向きを表している）を描いたものである．エミッタよりベース領域へ注入された電子は，ほぼエミッタ領域直下のベース領域へと流れ込み，コレクタ領域へと流れる．このとき，コレクタ領域へ流れ込んだ電子は低濃度コレクタ領域へ入ると広がってくる．すなわち，コレクタ領域が厚いとより電子は広がって高濃度コレクタ領域へと流れ込む．電子の流れない領域は単に pn 接合容量として真性領域の持っている高速動作を阻害することになる．そのため，ベース-コレクタ間容量を低減するための 2 層多結晶シリコンバイポーラトランジスタは高速動作が優位なことが分かる．

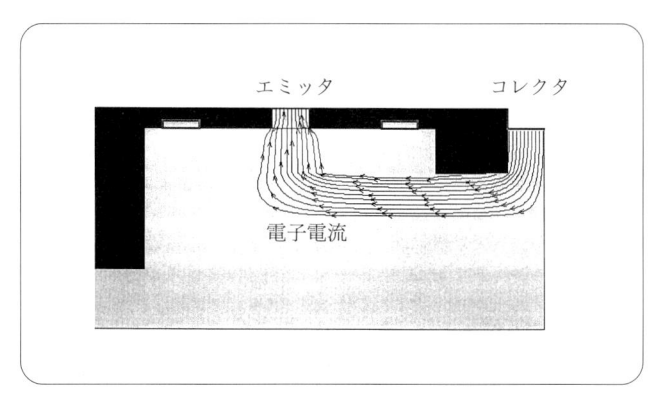

図 4.28　npn バイポーラトランジスタの電子電流

〔1〕 コレクタ領域の高速化構造

エミッタ領域よりベース領域へ注入された電荷はコレクタ領域へ達しコレクタ電界で加速されて高濃度n形コレクタ領域へと流れる．コレクタ電流を徐々に増加させ高注入状態に近づくとベース領域がコレクタ領域へと広がるカーク効果が発生しベース幅が増加する．そのため，遮断周波数や電流増幅率が低下する現象が現れる．この現象を防止するためには，耐圧の低下というトレードオフがあるが，コレクタ濃度を増加させればよい．しかし，コレクタ濃度の増加はベース-コレクタ間容量の増加となって高速化を妨げる．そのため，真性ベース領域直下のコレクタ領域のみ濃度を上げる技術 (**SIC** (selective implanted collector) **構造**) が考えられている．**図 4.29** は SIC 技術による高速化を示したものである．真性ベース領域直下のコレクタ領域のみを高濃度化するために，エミッタ領域を形成する前にエミッタ開口よりイオン注入法により不純物をドーピングしている．そのため，全コレクタ

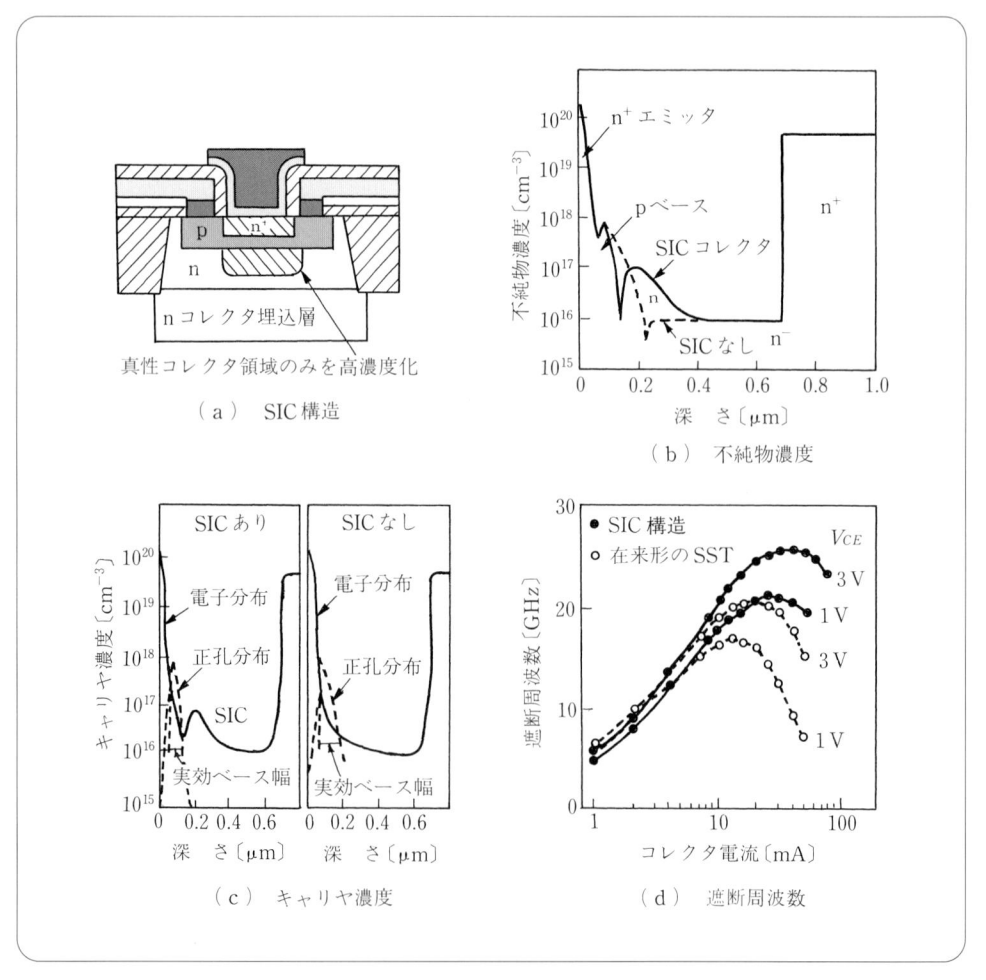

図 4.29　コレクタ領域での高速化 SIC 構造と特性

領域を高濃度化するよりもベース-コレクタ間容量増加が小さいので高速化には効果的である．コレクタ電流が増加してもベース幅が広がることがないため，高電流領域で遮断周波数の向上が実現できる．

〔2〕 エミッタ抵抗，ベース抵抗の低減

微細化に伴い各領域の面積が小さくなり，また薄くなっているため，抵抗値が増加し時定数が増加する傾向にある．そのため，寄生容量を極力減らすことに加え，各領域の抵抗値を減少させることが必要である．エミッタ抵抗の低減化にはエミッタ領域をエピタキシアル成長法で形成するなどの方法が試みられている．また，ベース抵抗の低減化には，多結晶シリコンを利用するほかにシリサイド電極を用いる方法がある．構造を工夫した抵抗値の低減については2章の談話室で学んだとおりである．

4.3 SiGeバイポーラトランジスタ

シリコンバイポーラトランジスタの高速化を目的としてベース層を薄くするとベース抵抗が上がり，時定数増加の原因となる．ベース抵抗を下げるためにベースの不純物濃度を上げるとエミッタへの正孔の注入が増加して電流増幅率が下がり，微細化トランジスタでは高速化は望めなくなる．シリコン・ゲルマニウム（SiGe）バイポーラトランジスタは，エミッタ-ベース接合のヘテロ接合化と，トランジスタの微細加工の相乗効果により高速性能を向上できる構造となっている[6]．本節では，どのようにして高速化を実現しているかについて学ぶ．

4.3.1 SiGe混晶組成比と不純物ドーピングプロファイル

SiGeバイポーラトランジスタではエミッタ-ベース間のヘテロ接合によって生じる価電子帯上端不連続 $\varDelta E_v$ が正孔の注入を妨げるため，ベース層の不純物濃度を高くすることができる．そのため，電流増幅率を維持しつつ高速化が可能となる．エミッタ-ベース間接合にヘテロ接合を用いる技術は，化合物半導体デバイスで広く用いられてきているので，その原理や理論は6章で詳細に学ぶことにする．

図4.30に，典型的なSiGeバイポーラトランジスタのGe濃度及び不純物ドーピングプロファイルとエネルギーバンド構造を示す．ベース抵抗を低くし，かつエミッタ注入効率を大

74   4. シリコンバイポーラトランジスタ

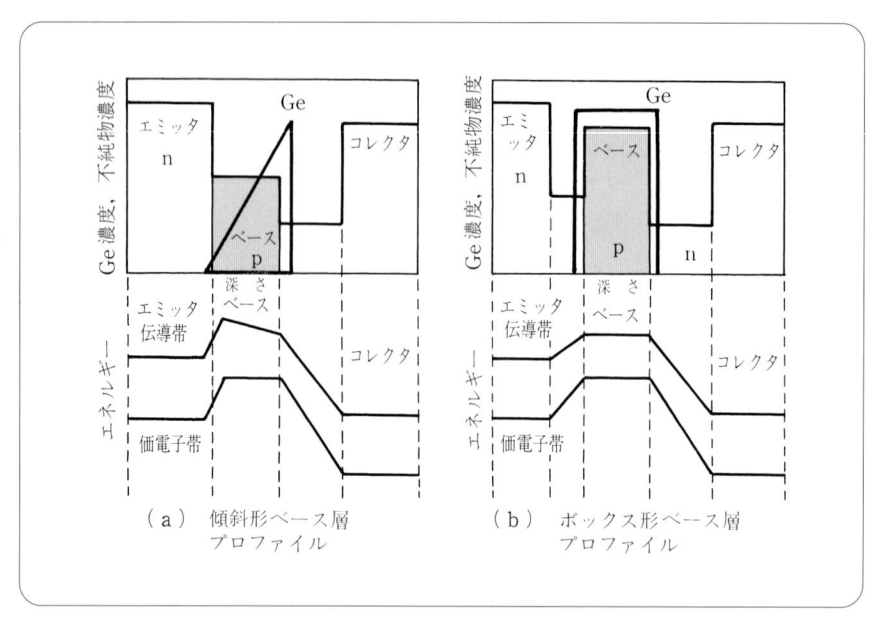

図4.30 SiGeバイポーラトランジスタのGe濃度，不純物ドーピングプロファイルとエネルギーバンド図

きくする手段として，ベース領域をSiGe混晶にしている．Geのバンドギャップは，室温で0.66 eVであり，Siの1.12 eVに比較し小さい．更にGeの添加比率によりバンドギャップを連続的に変えることが可能である．SiGe混晶では，バンドギャップはSiとGeの中間値を示すため，ベースのバンドギャップはエミッタやコレクタのバンドギャップより小さくなる．その結果，ベースからエミッタへ注入される正孔数を大幅に減少できエミッタ注入効率が上がるが，ベース抵抗を下げるためにベースの不純物濃度を高くしても注入効率は下がらない．

図4.30はSiGeベース領域に用いられている2種類のGe組成比を示している．図(a)は傾斜形 (graded) ベース層，図(b)はボックス形ベース層である．傾斜形はベース層中のGe組成比がエミッタ側からコレクタ側に向かって増加しており，ベース層の伝導帯がコレクタ方向に傾斜している．これは，ベース領域へ注入された電子にドリフト電界による加速効果を生じさせ，高速化を実現させるためである．しかし，エミッタ-ベース接合でのバンドギャップ差が小さいためにエミッタ注入効率を高くすることができないためベース抵抗を大きく低減させることはできない．一方，ボックス形はベース領域のみが狭バンドギャップ層となっているダブルヘテロ構造（6章参照）である．そのため，エミッタ-ベース接合でのバンドギャップ差を大きくできエミッタ注入効率を高くできるので，ベース層をエミッタ層よりも高濃度化してベース抵抗を大幅に低減できる．

4.3.2　SiGeバイポーラトランジスタの構造

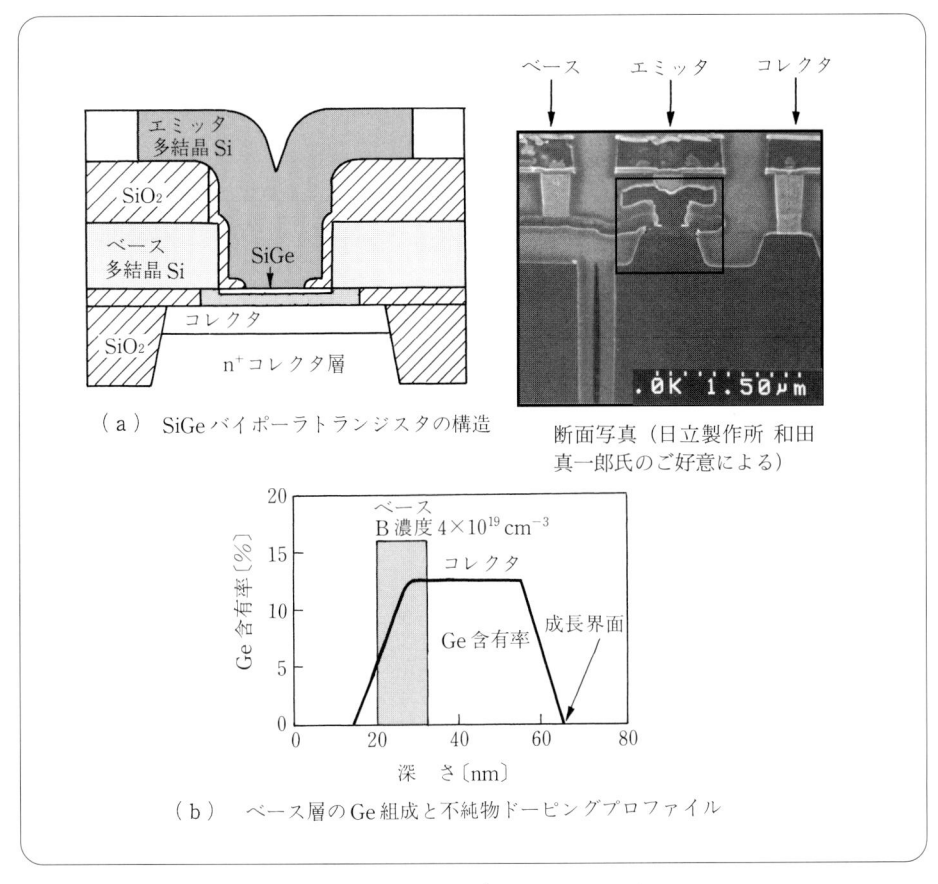

　SiGeバイポーラトランジスタは2層多結晶シリコンバイポーラトランジスタ構造のエミッタ-ベース接合をヘテロ接合へ変えたものが多い．すなわち，2層多結晶シリコンバイポーラトランジスタ製造工程で，ベース領域をイオン注入で形成する代わりにエピタキシアル成長でSiGeベース層を形成する．図4.31は，エミッタ寸法0.2 μmのSiGeバイポーラトランジスタの構造を示したものである．従来の2層多結晶シリコンバイポーラトランジスタ構造に加えて，ベース引き出し電極の多結晶シリコンの代わりにタングステンを用いた構造もある．また，エミッタ層は，リンドープト多結晶シリコン層からの拡散で形成されている．高周波特性向上のためにSIC構造が用いられている．このトランジスタ構造に用いられているSiGe混晶組成比と不純物ドーピングプロファイルが同時に図示されている．Ge組成比はエピタキシアル成長直後は階段状に分布しているが，熱処理後はコレクタ領域が最

（a）SiGeバイポーラトランジスタの構造

断面写真（日立製作所　和田真一郎氏のご好意による）

（b）ベース層のGe組成と不純物ドーピングプロファイル

図4.31　SiGeバイポーラトランジスタ

も大きくなっている．すなわち，ベースとコレクタ領域の双方が狭バンドギャップであるシングルヘテロ接合形の HBT であり，大電流領域での高周波特性劣化が少ない．

4.3.3　電流成分と電流増幅率

SiGe バイポーラトランジスタのベース電流とコレクタ電流はシリコンバイポーラトランジスタと異なった特性を持っている．化合物半導体で作られた HBT とは異なり，SiGe バイポーラトランジスタはエミッタ-ベース接合がヘテロ構造となっていない場合が多い．そのため，エミッタ領域へ注入される正孔電流はシリコンバイポーラトランジスタとほぼ同じである．しかし，ベース領域へ注入される電子電流はベース内部のドリフト電界の影響で大きくなる．図 4.32 に SiGe バイポーラトランジスタのガンメルプロットを示す．同一コレクタ電流値に要するエミッタ-ベース電圧はホモ接合の場合に比べて 50〜100 mV 程度低くなっている．また，ベース領域全体が SiGe で形成されている場合はエミッタに注入される正孔電流が小さくなるので，ベース不純物濃度を向上できベース抵抗を低減できる．

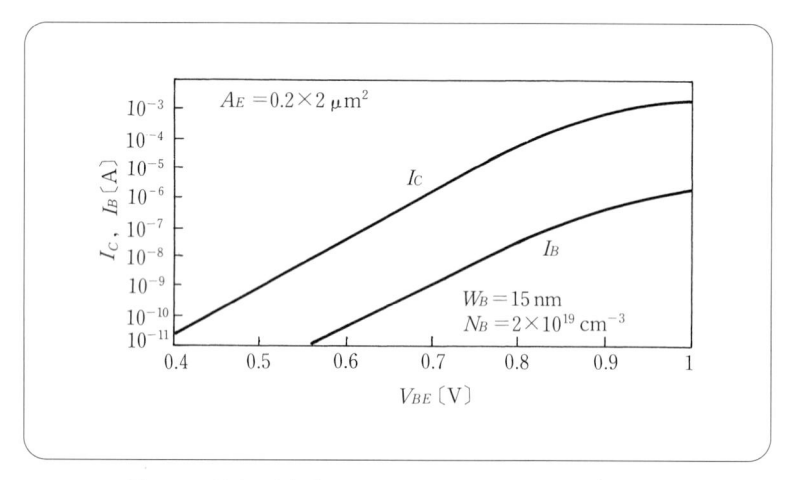

図 4.32　SiGe バイポーラトランジスタのガンメルプロット

4.3.4　トランジスタ性能と高周波パラメータ

SiGe バイポーラトランジスタの性能を Si バイポーラトランジスタと比較し，図 4.33 に示す[7]．ベース抵抗は，ベース不純物濃度を大きくできるので低下し，また，コレクタ電流依存性も少なく，エミッタクラウディング効果が少なくなっている．そのため，高注入効果が Si バイポーラトランジスタに比べてより高いコレクタ電流領域で生じるため，より高周波特性が向上する．また，コレクタ領域も SiGe で形成したシングルヘテロ構造では，より高

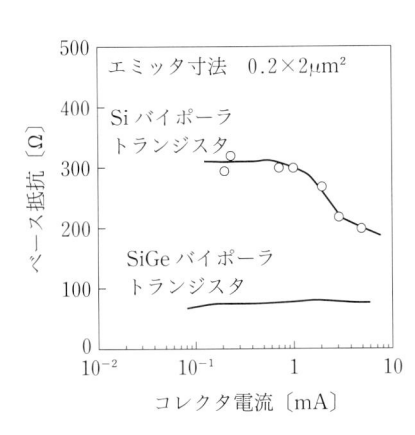

4.3 SiGe バイポーラトランジスタ

図 4.33 SiGe バイポーラトランジスタの性能

(a) ベース抵抗のコレクタ電流依存性
(b) 遮断周波数 f_T, 最大発振周波数 f_{max} のコレクタ電流依存性 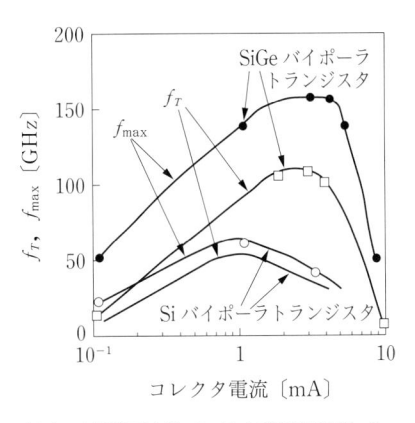
(c) ECL 回路の遅延時間 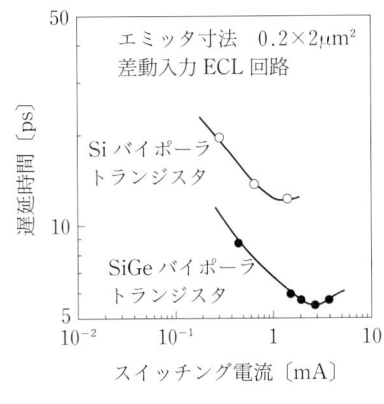

項 目	性能 Si バイポーラトランジスタ	性能 SiGe バイポーラトランジスタ
エミッタ寸法 [μm^2]	0.2×2	0.2×2
電流増幅率 [倍]	180	1 400
コレクタ-エミッタ耐圧 [V]	2.3	2
エミッタ-ベース容量 [fF]	3.1	3.1
コレクタ-ベース容量 [fF]	3.6	3.6
コレクタ-基板容量 [fF]	4.8	1.8
ベース抵抗 [Ω]	310	90
遮断周波数 [GHz]	52	122
最大発振周波数 [GHz]	56	163
ECL 回路遅延時間 [ps]	14.6	5.5

周波特性が向上する.その結果,最大発振周波数 f_{max} が Si バイポーラトランジスタよりも高くできる.ECL 回路の遅延時間特性は 1 ゲート当り 5.5 ps であり,Si バイポーラトランジスタの 1/2 以下となっている.

談話室

シングルヘテロ接合とダブルヘテロ接合の遮断周波数特性の比較　バイポーラトランジスタの遮断周波数は,種々の成分で決定されている.コレクタ電流が小さいときは,主に入力容量の充放電時間で決定される.コレクタ電流が大きくなると,カーク効果によりベース幅が広がるため遮断周波数は徐々に減少する.しかし,ダブルヘテロ接

合では正孔がコレクタ領域へ注入されず，ベース領域に急激に正孔が蓄積する．そのため，高注入状態になると遮断周波数は急激に低下する（**図 4.34**）．

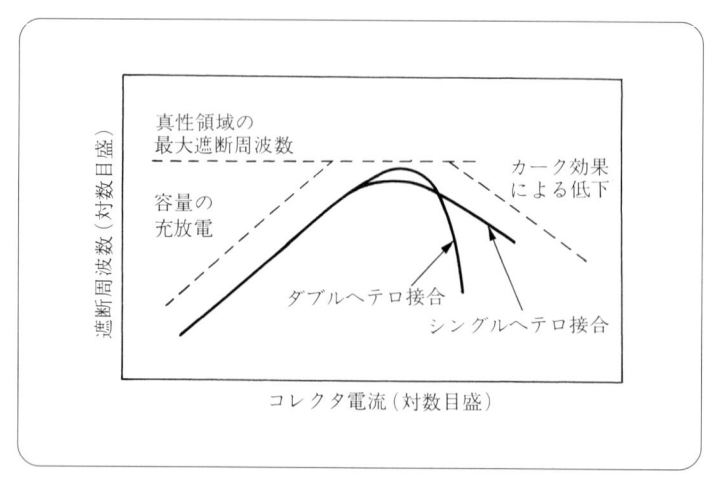

図 4.34 遮断周波数の比較

本章のまとめ

❶ **バイポーラトランジスタの直流電流と電流増幅率**　エミッタ，ベースガンメル数とベース電流，及びエミッタ電流との関係

❷ **ベース電流の各成分**　4.1.2 項参照

❸ **トランジスタ特性**　真性バイポーラトランジスタの特性と，寄生デバイスによる特性低下効果

❹ **シリコンバイポーラトランジスタの構造**　素子分離構造：アイソプレーナ形，トレンチ形

自己整合構造：シングル多結晶シリコン構造，2 層多結晶シリコン構造

❺ **ベース抵抗の振舞い**　コレクタ電流依存性

❻ **寄生ベース領域の縮小効果と高速化**　自己整合構造など

❼ **SiGe バイポーラトランジスタのプロファイル**　傾斜形，ボックス形

●理解度の確認●

問 4.1　バイポーラトランジスタの電流増幅率を求めよ．

問 4.2　バイポーラトランジスタの高速化構造について述べよ．

5 化合物半導体電界効果トランジスタ

　化合物半導体デバイスにも，SiのMOSFETと同様の原理で動作する電界効果トランジスタがある．化合物半導体ではSiのように界面準位の少ない酸化膜を作ることが困難なのでショットキーバリヤやヘテロ接合を用いることになる．Siを大きく上回る電子移動度などの材料物性の恩恵と微細加工により数百GHzの超高速動作を実現している．

　本章では，3章で学んだ変調ドープヘテロ接合を利用したHEMTと呼ばれるデバイスの基本動作と半導体材料の違いなどによるいくつかの形態について学ぶ．

5.1 MESFETとHEMT

化合物半導体を用いた電界効果トランジスタとして広く実用化されているのがMESFETとHEMT[†]である．安価で作りやすいMESFETに対して，変調ドープヘテロ接合を利用したHEMTはより優れた高周波特性を示す．本節ではMESFETとHEMTの基本的な構造と動作について学ぶ．

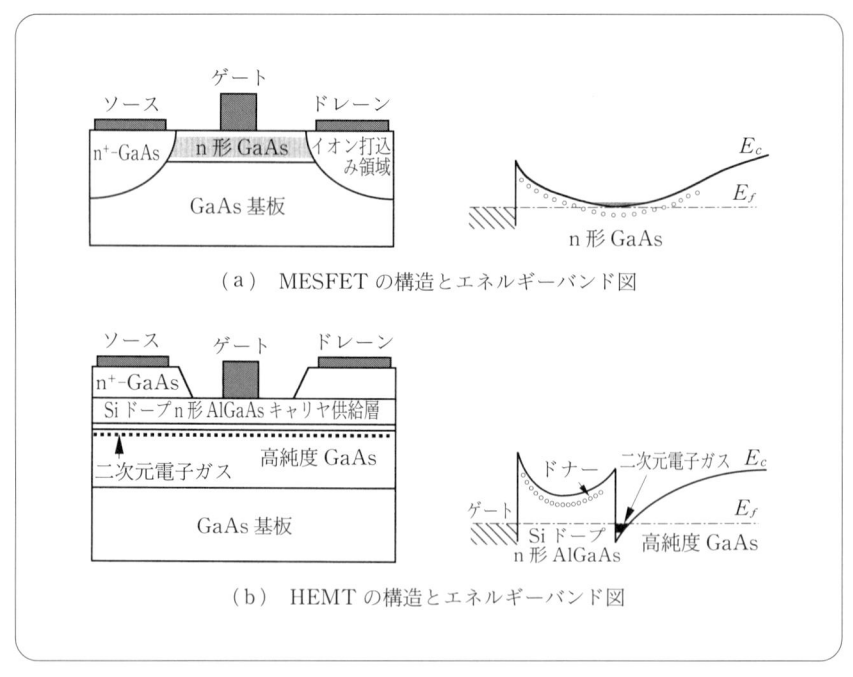

5.1.1 MESFETとHEMTの構造の比較

〔1〕 GaAsをチャネルとするFET

MESFET（metal semiconductor FET）は，図5.1(a)に示すように，**半絶縁性**（**SI**：

図5.1 MESFETとHEMTの構造の比較

[†] HEMTは，研究機関によっては **MODFET**（modulation-doped FET）や **HFET**（heterojunction FET）などと呼ばれることがあるが，本書では最初に開発に成功した富士通の三村氏らの命名を使わせていただくことにする．

semi-insulating）半導体基板上にイオン注入やエピタキシアル成長により形成したn形半導体結晶にゲートとなるショットキー電極とソース-ドレーンのオーミック電極を形成したデバイスである．一方，**HEMT**（high electron mobility transistor）[1]は **3.1** 節で学習した変調ドープヘテロ構造に三つの電極を形成した構造になっているが，電極の接触抵抗やソース-ドレーン間の抵抗（ソース抵抗と呼ぶ）を小さくするために，図(b)に示すように，ソースとドレーン電極の下に高濃度に不純物ドーピングした層（コンタクト層）を設けている．

それぞれの断面構造図の右に示したエネルギーバンド図のように，MESFETではチャネル層の電子はドーピングした不純物が存在する領域を走行するのに対して，HEMTでは高純度GaAs層を走行できる．これによりMESFETとHEMTでは電子の移動度が大きく異なる．**図5.2**は，GaAsの電子移動度とドナーであるSi濃度との関係を示したものである．MESFETとHEMTのチャネル領域の不純物濃度に対応した範囲を比較して分かるように，HEMTのほうが約2倍の電子移動度になっている．また，高電界領域での電子の飽和速度もHEMTのほうが高いことから優れた高周波特性や雑音特性を示している．

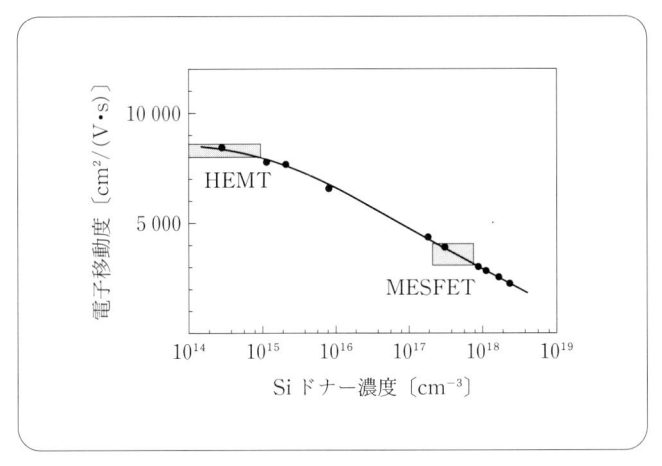

図5.2 室温における n 形 GaAs の電子移動度のドナー濃度依存性，及び MESFET と HEMT のチャネル領域の特性範囲

なお，図のHEMTではキャリヤ供給層などにAlGaAsを用いているが，AlGaAsは酸化しやすいAlを含むことやDXセンタと呼ばれる電子捕獲準位を作って雑音源となることから，後述のようにInGaPを代わりに用いることもできる．ただし，V族元素の切換えを含む高度な結晶成長技術が要求される．

〔2〕　**ひずみ格子整合 HEMT**

3.1.2項で学習したひずみヘテロ接合を利用したHEMTを **PHEMT**（pseudomorphic HEMT）と呼ぶ．チャネル層にIn組成比が0.15〜0.25程度のひずみ格子InGaAsを用い

ることにより二次元電子ガスの移動度 μ と飽和電子速度 v_S を向上することができる．また，同時に Si ドープ n 形 AlGaAs（n-AlGaAs：Si と略記されることが多い）キャリヤ供給層との ΔE_C が大きくなるため，チャネル層に蓄積できる二次元電子の密度を高くすることができ，ソース抵抗の低減や電流駆動能力の向上が可能となる（**図 5.3**）．これらの効果により，前出の GaAs をチャネルとする HEMT より，後述の g_m, f_T, f_{max}, NF などの特性が優れている．

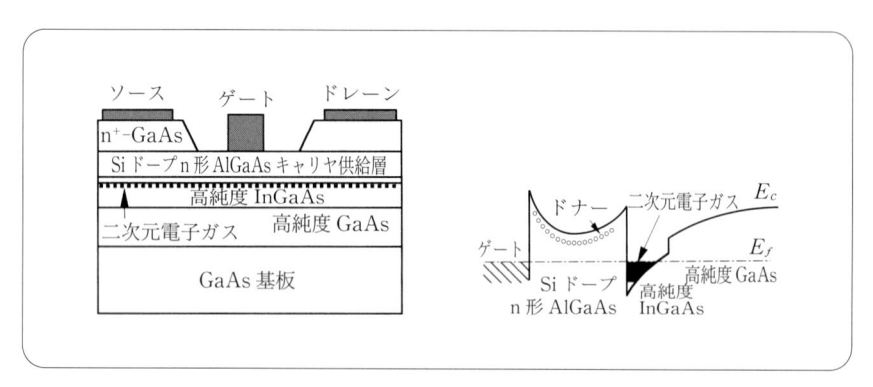

図 5.3 PHEMT の構造とエネルギーバンド図

〔3〕 **HEMT の基本動作**

HEMT の直流動作解析は Si MOSFET と同様に取り扱うことができる．**図 5.4** のように形状を定義したトランジスタでは非飽和領域でのドレーン電流 I_D は

$$I_D = \frac{\varepsilon \mu W_G}{d L_G}\left\{(V_G - V_T)V_{DS} - \frac{V_{DS}^2}{2}\right\} \tag{5.1}$$

で表される．

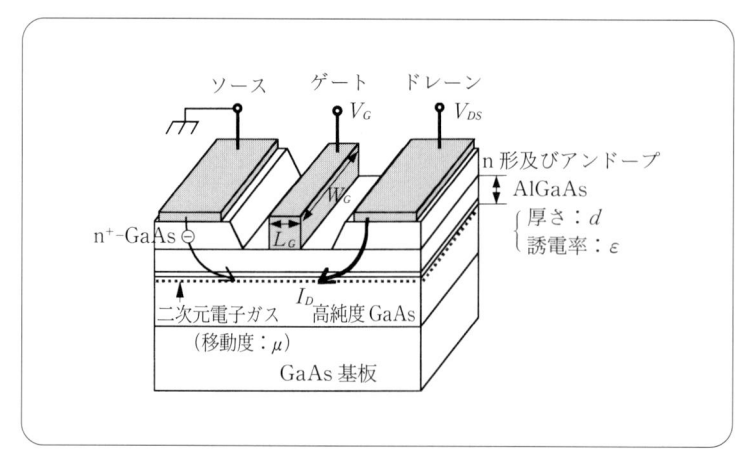

図 5.4 動作解析に用いる HEMT のパラメータ

ここで，V_T は**しきい電圧**（threshold voltage）であり，ゲート電極と AlGaAs 層とのショットキーバリヤ ψ_M，ゲート電極とチャネル層との距離 d，AlGaAs 中のドナー濃度 N_D，及び AlGaAs と GaAs チャネルとの ΔE_C により次式のように表される．

$$V_T = \phi_M - \frac{qN_D d^2}{2\varepsilon} - \Delta E_C \tag{5.2}$$

次に，飽和領域でのドレーン電流 I_{DS} は次式のようになる．

$$I_{DS} = \frac{\varepsilon \mu W_G E_S}{d}\{\sqrt{(V_G - V_T)^2 + (E_S L_G)^2} - E_S L_G\} \tag{5.3}$$

ここで，E_S はゲート電極下のチャネル層の電界強度である．

図 5.5 は，L_G の長い HEMT の特性例を示したもので，飽和領域で I_{DS} がほぼ一定となる良好なピンチオフ特性を示している．

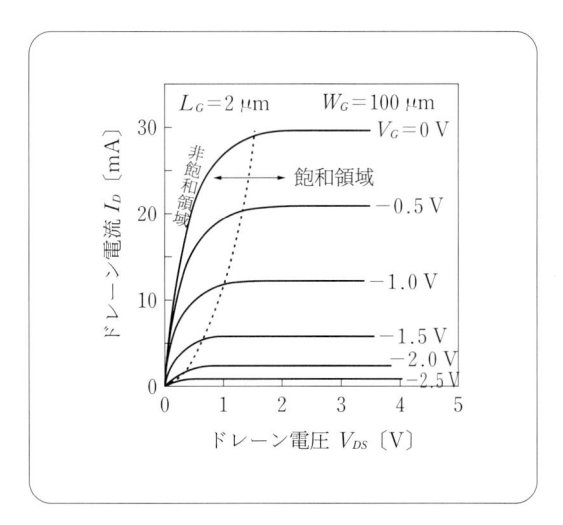

図 5.5 HEMT の直流特性の例

L_G が 0.2 μm 程度以下になると，ゲート電極下のチャネル層における電界は特にドレーン寄りの領域で高くなり，電子のドリフト速度が電界強度に比例する領域を超える．この高電界領域では I_{DS} は式 (5.3) に代わって次式で表される．

$$I_{DS} = \frac{\varepsilon W_G v_S}{d}(V_G - V_T) \tag{5.4}$$

したがって，ゲート電圧 V_G の変化による I_{DS} を変調できる能力を示す**相互コンダクタンス**（mutual conductance）g_m は次式のようになる．

$$g_m = \frac{\varepsilon W_G v_S}{d} \tag{5.5}$$

g_m はトランジスタの高周波特性にかかわる重要なパラメータである．この式から分かるように W_G が一定の場合，g_m を高めるためにはゲートとチャネル間の距離 d を小さくすることがまず考えられる．しかし，この方法で g_m を高めてもゲート-ソース間やゲート-ドレーン間の容量を高めることになるので，後述のように高周波特性は必ずしも改善しない．他に g_m を高める方法として v_S を高めることが考えられる．これには，電極構造面からは短ゲート化（L_G を小さくすること）により電界強度を高めること，及び半導体材料面からは In-GaAs のような v_S の高い材料をチャネル層に用いることが考えられる．

■ 談 話 室 ■

電子の速度オーバシュート　極短ゲート素子（$L_G < 20\,\mathrm{nm}$）では，電子はフォノンによる緩和時間より短い時間で走行を完了することができる．この場合，GaAs などでの電子の走行は Γ 点（図 3.5 参照）におけるものが支配的になるので，定常状態のように飽和電子速度 v_S は低下することなく上昇する．この効果は素子の特性を著しく高めると期待できる（図 5.6）．

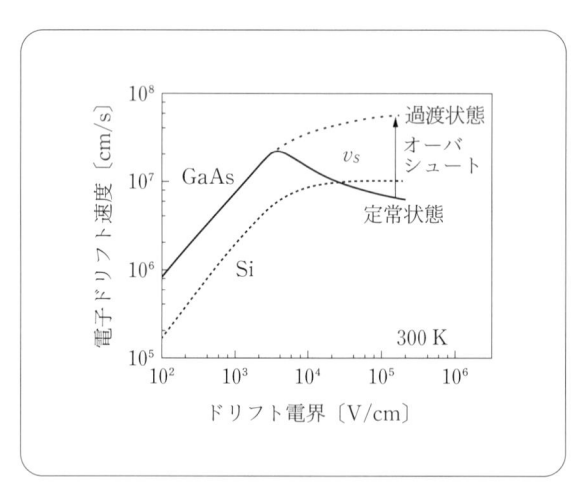

図 5.6　電子ドリフト速度

5.1.2 HEMTの小信号等価回路解析

〔1〕 HEMTの小信号等価回路と y パラメータ

トランジスタの等価回路定数を明らかにすることにより，その動作解析が可能となり，トランジスタの再設計やそれを組み込む回路の解析に反映することができる．**図5.7**にHEMTの構造と各部分に対応する等価回路を示す．

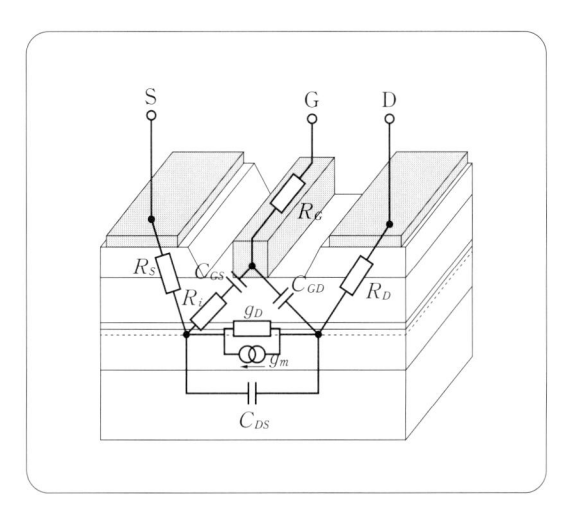

図5.7 HEMTの構造と小信号等価回路[2]

各回路パラメータのうちソースとドレーンのオーミック電極の形成方法やゲートのショットキー電極の形状などによって大きく変化するものが R_S, R_D, R_G である．これらを**寄生抵抗**（parasitic resistance）と呼び，2章で学んだようにトランジスタ本来の増幅動作を行っている領域を**真性**（intrinsic）**領域**と呼ぶ．HEMTを実際に使うためにはパッケージに組み込む必要がある．これによって発生する寄生インダクタンスや寄生容量などの寄生パラメータを考慮した等価回路を**図5.8**に示す[2]．

真性部分における電流と電圧を図中のように定義すると，真性部分の y パラメータは次のように求めることができる．

$$y_{11} = \frac{\omega^2 C_{GS}^2 R_i}{A} + j\omega\left(\frac{C_{GS}}{A} + C_{GD}\right) \tag{5.6}$$

$$y_{12} = -j\omega C_{GD} \tag{5.7}$$

$$y_{21} = \frac{g_m}{A} - j\omega\left(\frac{g_m C_{GS} R_i}{A} + C_{GD}\right) \tag{5.8}$$

$$y_{22} = g_D + j\omega(C_{GD} + C_{DS}) \tag{5.9}$$

$$A = 1 + \omega^2 C_{GS}^2 R_i^2 \tag{5.10}$$

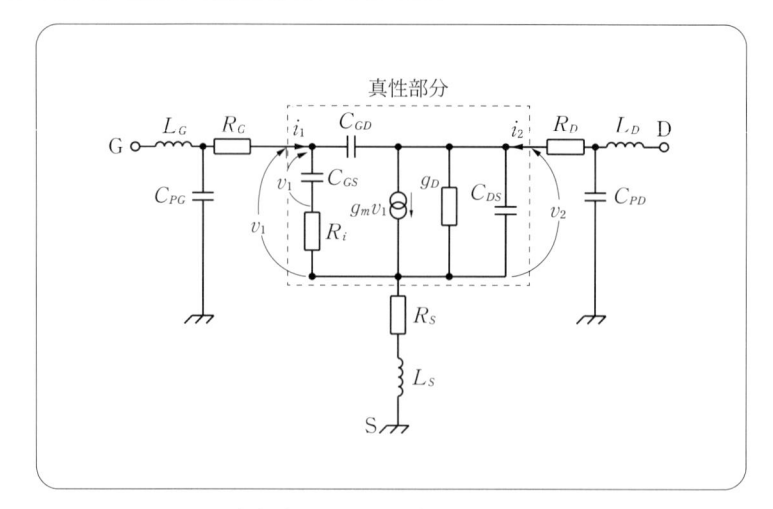

86   5. 化合物半導体電界効果トランジスタ

図5.8 寄生パラメータを考慮した小信号等価回路[2]

実際にトランジスタの高周波特性を測定する場合は S パラメータで数値が得られるが，S パラメータを y パラメータに変換していく過程で寄生部分の回路定数を除くことができる．残った真性部分の y パラメータから式(5.6)〜(5.10)を解析的に解くことにより真性部分の回路定数を求めることができる[3]．

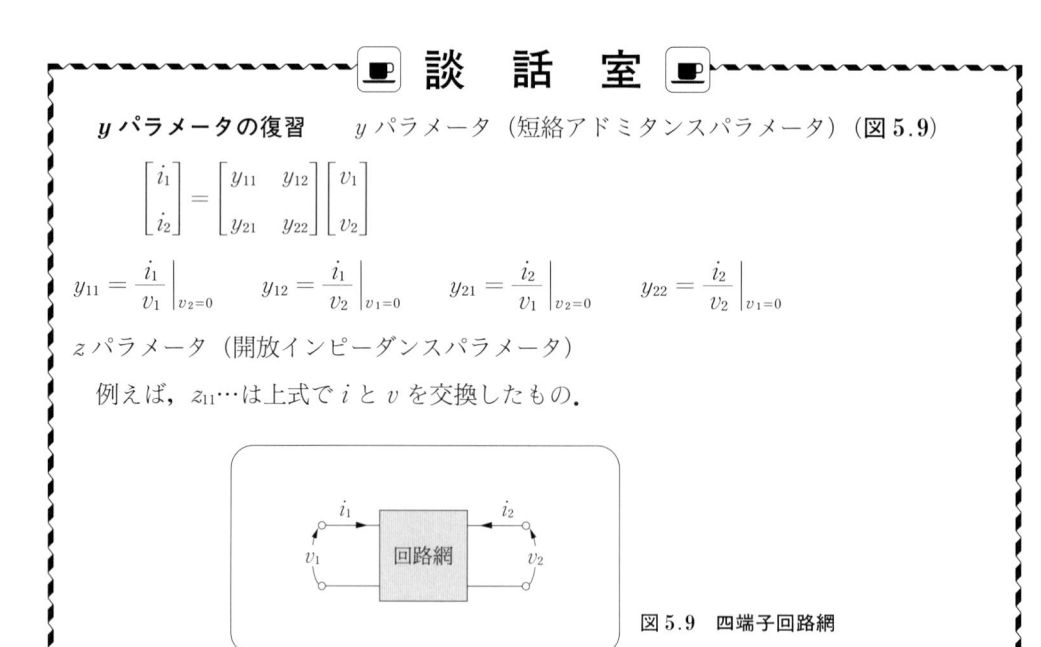

☕ 談 話 室 ☕

y パラメータの復習　　y パラメータ（短絡アドミタンスパラメータ）（図5.9）

$$\begin{bmatrix} i_1 \\ i_2 \end{bmatrix} = \begin{bmatrix} y_{11} & y_{12} \\ y_{21} & y_{22} \end{bmatrix} \begin{bmatrix} v_1 \\ v_2 \end{bmatrix}$$

$y_{11} = \dfrac{i_1}{v_1}\bigg|_{v_2=0}$　　$y_{12} = \dfrac{i_1}{v_2}\bigg|_{v_1=0}$　　$y_{21} = \dfrac{i_2}{v_1}\bigg|_{v_2=0}$　　$y_{22} = \dfrac{i_2}{v_2}\bigg|_{v_1=0}$

z パラメータ（開放インピーダンスパラメータ）

例えば，z_{11} …は上式で i と v を交換したもの．

図5.9 四端子回路網

〔2〕 HEMT の f_T と $f_{\max}$

前述のような方法で等価回路定数を決定できれば**電流利得**（current gain）や**電力利得**（power gain）を求めることができる．電流利得は次式により近似的に表される．

$$\frac{i_2}{i_1} = \frac{y_{21}}{y_{11}} \fallingdotseq \frac{g_m - j\omega(g_m C_{GS} R_i + C_{GD})}{\omega^2 C_{GS}^2 R_i + j\omega(C_{GS} + C_{GD})} \tag{5.11}$$

ただし，$A \fallingdotseq 1$ なる近似を用いている．この近似は通常の HEMT において 100 GHz 以下で十分成立する．次に実際の HEMT の回路定数[†]を考慮すると上式は更に次のように近似できる．

$$\frac{i_2}{i_1} \fallingdotseq \frac{g_m}{j\omega(C_{GS} + C_{GD})} \fallingdotseq \frac{g_m}{j\omega C_{GS}} \tag{5.12}$$

電流利得の遮断周波数（cut-off frequency）f_T は，電流利得の絶対値が 1 となる周波数であるから，次のように表される．

$$f_T \fallingdotseq \frac{g_m}{2\pi C_{GS}} \tag{5.13}$$

HEMT では C_{GS} はゲート電極のサイズとチャネルまでの距離によって次のように与えられる．

$$C_{GS} = \frac{\varepsilon W_G L_G}{d} \tag{5.14}$$

この式と式(5.5)を式(5.13)に代入すると f_T は次のように表される．

$$f_T \fallingdotseq \frac{v_s}{2\pi L_G} \tag{5.15}$$

以上の結果から，HEMT の f_T を高めるには L_G の短縮と v_s の高い半導体材料の選択が有効であることが分かる．

f_T は論理信号の処理を行う回路などでトランジスタを用いる場合に重要となる指標であるが，携帯電話のパワートランジスタのように高周波電力を増幅することを目的とする場合

[†] PHEMT の回路定数例　$L_G=0.15\,\mu\mathrm{m}$，$W_G=200\,\mu\mathrm{m}$，$g_m=50\,\mathrm{mS}$，$g_D=2\,\mathrm{mS}$，$C_{DS}=0.2\,\mathrm{pF}$，$C_{GD}=0.02\,\mathrm{pF}$，$R_i=5\,\Omega$

は，**最大発振周波数**（maximum frequency of oscillation）$f_{\max}$ が重要な指標である．

$f_{\max}$ はトランジスタの電力利得が1となる周波数で，これより高い周波数ではトランジスタは単なる減衰器となる．電力利得の定義にはいくつかあるが，広く用いられているメイソンの**ユニラテラル電力利得** U は y パラメータを用いて以下のように表される．また，U は FET やバイポーラなどのすべてのトランジスタに共通の表式である[4]．ユニラテラルとは，トランジスタの不安定要因となる C_{GD} を受動素子により中和して，入力から出力への信号の単方向化を行うことの意味である．

$$U = \frac{|y_{21} - y_{12}|^2}{4\{\text{Re}(y_{11})\text{Re}(y_{22}) - \text{Re}(y_{12})\text{Re}(y_{21})\}} \tag{5.16}$$

$U = 1$ とし，y パラメータを代入して真性部分の $f_{\max}$ の近似式を求めると次のようになる．

$$f_{\max} \simeq \frac{f_T}{2\sqrt{R_i g_D}} \tag{5.17}$$

HEMT では同じような寸法の MESFET に比べて，f_T が高く R_i が小さいため $f_{\max}$ は約2倍大きい．寄生部分の回路定数を考慮に入れると $f_{\max}$ は次式で近似される．

$$f_{\max} \simeq \frac{f_T}{2\sqrt{(R_i + R_G + R_S + \pi f_T L_S)g_D + 2\pi f_T C_{GD}(R_i + 2R_G + R_S + 2\pi f_T L_S)}} \tag{5.18}$$

HEMT は f_T や $f_{\max}$ が高いばかりでなく，高周波帯での低雑音性にも優れている．参考までに，**最小雑音指数**（$NF_{\min}$：minimum noise figure）は次の Fukui の式で近似的に与えられる．

$$NF_{\min} \simeq 1 + 2\pi f K C_{GS} \sqrt{\frac{R_i + R_S}{g_m}} \tag{5.19}$$

ここで，K は定数である．g_m が大きく，C_{GS}，R_i，R_S が小さいトランジスタほど低雑音であることが分かる．

☕ 談 話 室 ☕

低雑音化の推移　HEMT の低雑音性を最初に大きく享受したのが BS 放送の受信アンテナである．1980年代後半に 12 GHz における $NF_{\min}$ が 1 dB を切る HEMT が開

発され，放送衛星からの微弱な信号を低雑音で増幅できるようになった（図5.10）．これにより安価で小形のパラボラアンテナでも高品位な映像を受信でき，BS放送の普及に大きく貢献した．

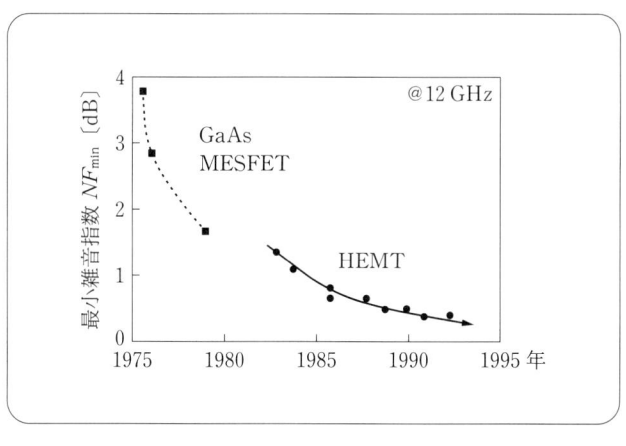

図5.10 トランジスタの低雑音化の推移[4]

5.2 InP HEMT

　GaAs系のHEMTと寸法は同じでも，移動度や電子飽和速度が高い材料に置き換えれば，より高速動作が可能である．これを示したのがInP HEMTである．本節では，InP HEMTの構造と得失，及び代替構造について学ぶ．

5.2.1　InPを基板とする高In組成HEMT

〔1〕InP HEMTとPHEMTの構造上の比較

　InP HEMTはGaAsより格子定数が大きいInPを基板とし，その上に高いIn組成の半導体層をエピタキシアル成長して作られる．InP HEMTの構造をPHEMTと比較して図5.11に示す．

　PHEMTのチャネル層は5.1.1節で述べたように格子定数の制約からIn組成が0.25程度以下のひずみ格子整合InGaAsである．これに対してInP HEMTではIn組成が0.53で

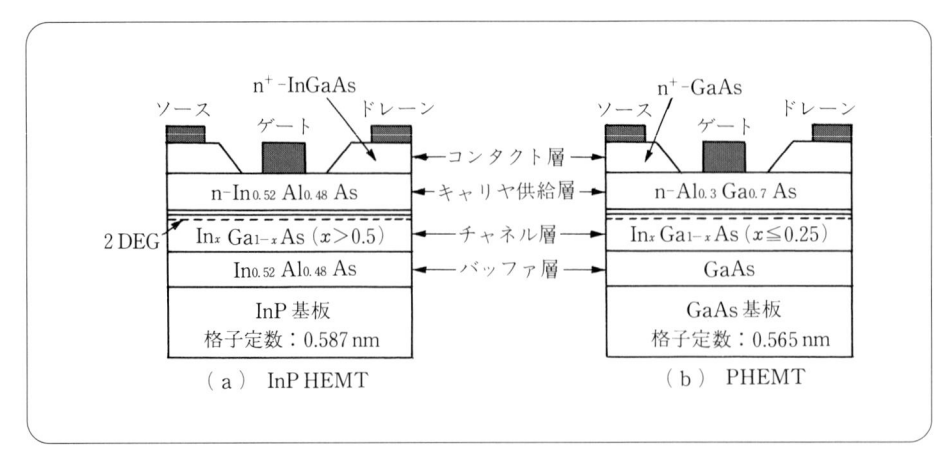

図5.11 InP HEMT と PHEMT の構造比較

格子整合した InGaAs をチャネル層に用いることができる．また，In 組成が 0.8 程度までのひずみ格子整合チャネル層を用いることができる．更に，キャリヤ供給層との ΔE_c は，PHEMT で約 0.3 eV であるのに対し，InP HEMT では 0.55 eV と大きいため多くの 2 DEG を蓄積できる．表5.1 は InP HEMT と PHEMT のチャネル層の材料を観点としてまとめた電子物性の比較である．InP HEMT のほうがあらゆる点で電子輸送特性に優れていることが分かる．

表5.1 InP HEMT と PHEMT のチャネル層の比較

チャネル層	チャネル材料	電子移動度 〔cm²/(V·s)〕	飽和電子速度 〔cm/s〕	ΔE_c 〔eV〕	2 DEG 〔cm^{-2}〕
InP HEMT	In$_x$Ga$_{1-x}$As ($x > 0.5$)	>10 000	2.5×10^7	0.55	3×10^{12}
PHEMT	In$_x$Ga$_{1-x}$As ($x \leq 0.25$)	～7 000	1.5×10^7	～0.3	2×10^{12}

〔2〕 格子ひずみ緩和 HEMT（MHEMT）

上記のように InP HEMT は優れた特性が期待できるが，欠点として高価な InP 基板を用いる必要がある．GaAs 基板と InP 基板を比較したものが表5.2 である．民生品への応用を考えると InP 基板の使用は不利であるといわざるを得ない．

表5.2 GaAs 基板と InP 基板の比較

基板	価格比	最大径 〔inch〕	硬度 〔Hv〕	既存製作プロセスとの整合性	地殻構成元素比率〔%〕
GaAs	1	6	750	良好	Ga：0.001
InP	3～5	4	530	難	In：0.000 01

そこで，GaAs 基板上に InP HEMT と同様の構造を形成する試みが行われ，良好な特性が得られている[5),6)]．基板とエピタキシアル層には大きな格子不整合があり，これによって

5.2 InP HEMT

生じる転位欠陥をバッファ層内に閉じこめ，チャネル層より上の部分は InP HEMT と同様にしようとするものである．格子ひずみが転位欠陥の発生によって緩和しているので，このような HEMT を**格子ひずみ緩和 HEMT**（または**メタモルフィック HEMT**）（**MHEMT**：metamorphic HEMT）と呼ぶ．図 5.12 はその構造例で，バッファ層内で In 組成を徐々に（グレーデッドに）上げ転位欠陥の発生と吸収を行っている．

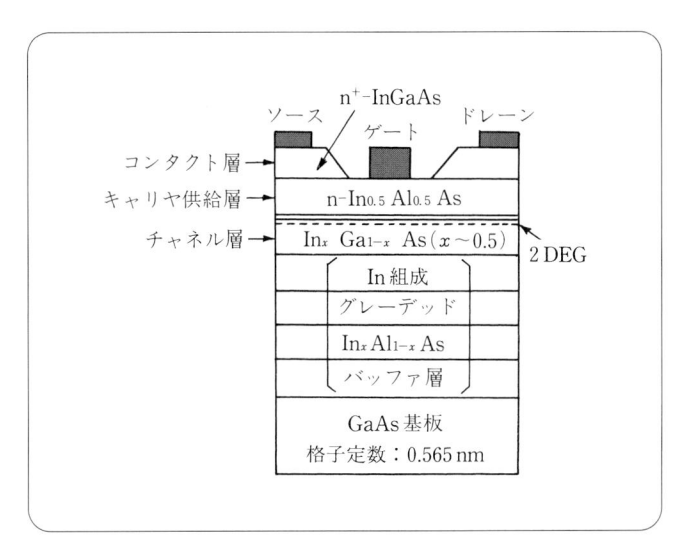

図 5.12 MHEMT の断面構造

バッファ層の厚さと 2 DEG の移動度との関係を**図 5.13** に示す．バッファ層を厚くしていくとチャネル層の結晶品質が向上し，2 DEG の移動度が InP HEMT のそれに近づいていくことが分かる．バッファ層の厚さとして 500 nm 程度以上あれば実用上十分な移動度になっ

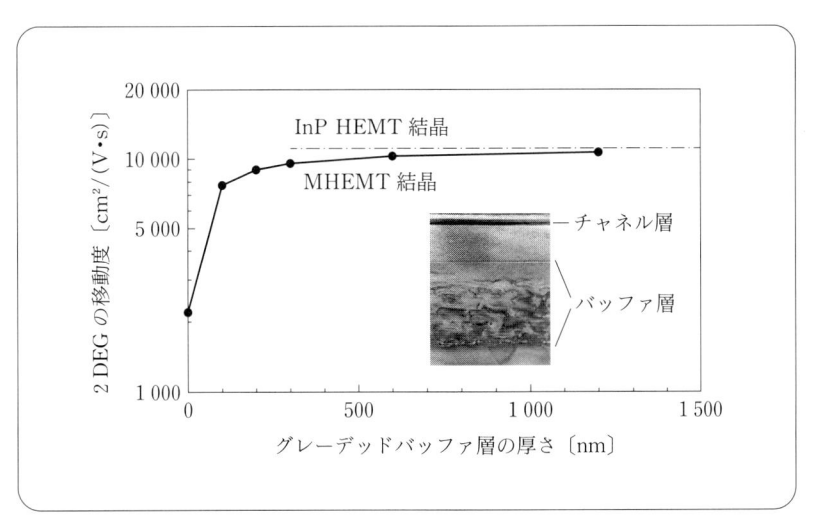

図 5.13 バッファ層の厚さと 2DEG の移動度との関係

ている．図中の断面写真のように転位欠陥はバッファ層中に集中している様子が分かる．

〔3〕 MHEMT の耐圧

HEMT などの FET の耐圧は 2 通りに定義されている．一つは，**オフ耐圧**（off-state breakdown voltage）と呼ばれ，ゲートのショットキ電極とドレーンのオーミック電極との間にゲートが負となるように電圧を加え，逆方向リーク電流が一定量に達した電圧として定義される．オフ耐圧は電極構造，ゲート-ドレーン間の距離，結晶構造などの三次元的構造に依存する．

もう一つは，**オン耐圧**（on-state breakdown voltage）BV_{on} と呼ばれる．図 5.14 の挿入図にあるように，トランジスタ特性の飽和領域からソース-ドレーン間の電圧を更に上げていくと，急激な電流の上昇が発生しトランジスタは破損する．この電圧において，MHEMT や InP HEMT のようにチャネル層の禁制帯幅が小さいトランジスタでは，ゲート電極下のチャネルのドレーン端付近における高電界領域で加速された高エネルギーの電子により衝突励起して生じる**電子雪崩降伏**（avalanche breakdown）が起きている．したがって，オン耐圧はチャネル層を形成する半導体材料に大きく依存する．

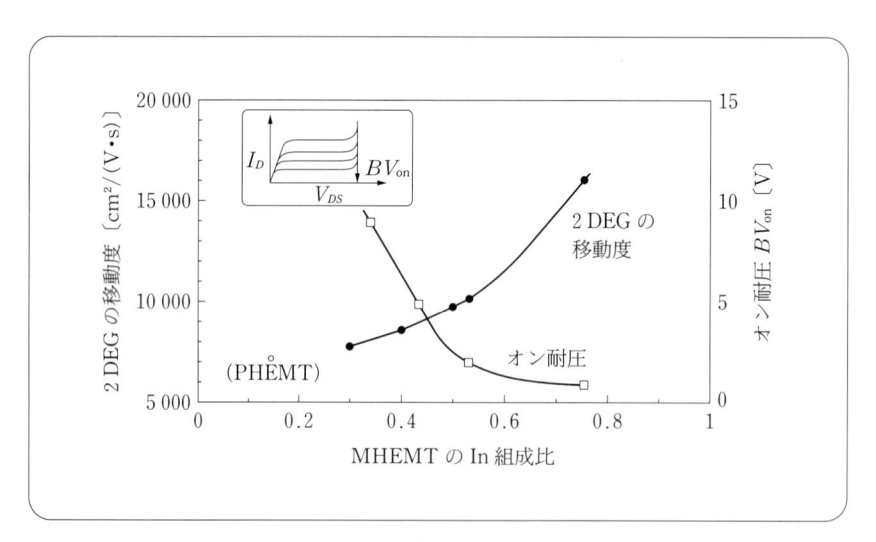

図 5.14 MHEMT の移動度とオン耐圧の In 組成比依存性
（挿入図は BV_{on} の目安）

MHEMT は格子ひずみを緩和しているため，InP HEMT と同様な構造ばかりでなく任意の In 組成の HEMT を作ることができる．図 5.14 のように In 組成を上げていくと移動度が大きく上昇し高速化に有利に働く反面，チャネル層の禁制帯幅が小さくなることによりオン耐圧が低下する．トランジスタに要求される耐圧はそれを利用するシステムにより異なるが，例えば後述の車載レーダに要求されているオン耐圧は 10 V 程度であるため，高い In 組成の HEMT は使えないことになる．この欠点に対処するため，InGaAs チャネルの下に

InPやInAsPなどの禁制帯幅が広くかつv_sも大きいサブチャネル層を付加したコンポジットチャネル構造で，高速・高耐圧を両立するトランジスタの作製が試みられている[7),8)]．

5.2.2 各種HEMTの特性

〔1〕 直流特性

PHEMT，InP HEMT，MHEMTの相互コンダクタンスg_mとゲート長L_Gとの関係を図5.15に示す．どのHEMTでもL_Gを小さくすると，ゲート電極下の電界強度が高くなるのでg_mは上昇する．なお，InP HEMTにおいてL_Gが0.2 μm以下でg_mが急上昇するのは，高電界によるキャリヤの衝突励起が起こり，これによりドレーン電流が増えてg_mが上昇したように見えるためと推測されている．

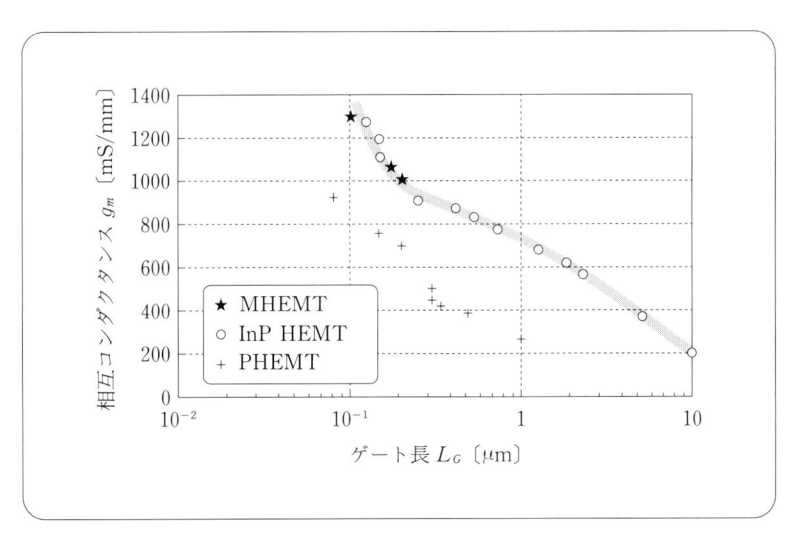

図5.15 各種HEMTの相互コンダクタンスとゲート長の関係

HEMTの種類別にみると，前項で述べたようなチャネル層の材料による差がg_mの差に反映されているのが分かる．移動度やv_sに優れるInP HEMTの方がPHEMTより高いg_mを示している．また，MHEMTでもInP HEMTと同等のg_mが得られている．

〔2〕 高周波特性

各種HEMTの最大発振周波数f_{max}をゲート長L_Gに対してプロットした結果を図5.16に示す[9)]．直流特性と同様にInP HEMTやMHEMTでは材料物性を反映して，5.1.2項での議論の通り，高いf_{max}を示している．6インチ径GaAs基板上のMHEMTの作製も本格化し始め，高速システムへの応用が期待されている[10)]．これらのHEMTは60 GHz以上の特に高い周波数を利用するシステムにおいて威力を発揮する．なお，高周波における雑音

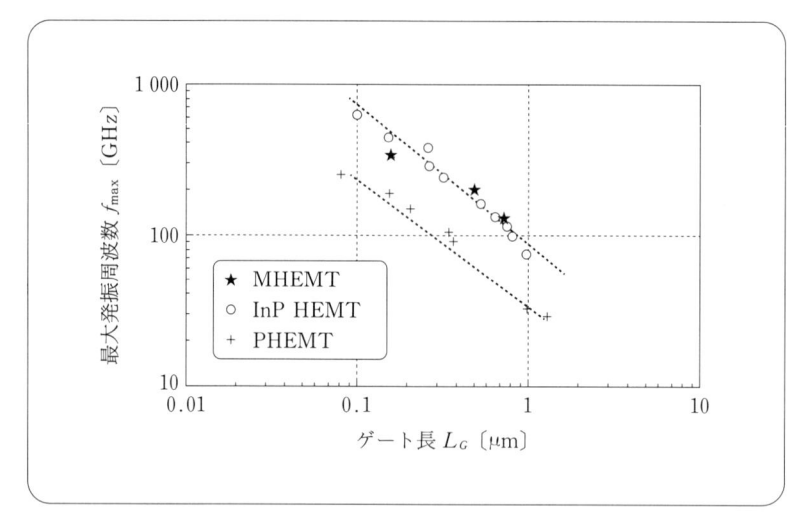

図 5.16 各種 HEMT の最大発振周波数とゲート長の関係

特性に関する議論は次章の HBT との比較において述べる．

5.3 高出力 PHEMT

携帯電話から送信される電磁波の周波数と出力は，システムに依存するが，およそ 0.8〜1.9 GHz において 0.5〜4 W であり，小形の通信機の割には大きな電力を扱っている．これに用いられるパワートランジスタには後述のような HBT と LDMOSFET 及びここで述べる高出力 PHEMT がある．本節ではこの高出力 PHEMT の構造上の特徴と出力特性について学ぶ．

5.3.1 高出力 PHEMT の構造

高出力 PHEMT は，低雑音トランジスタのようにゲート電極が 1〜2 本だけあるような平面的に単純な構造ではなく，大電流に対応するため 10 mm を超えるような大きなゲート幅 W_G を有する構造になっている．図 5.17 はその平面構造の模式図であるが，ゲート電極を櫛形にしてそれを境に交互にソース電極とドレーン電極を配したような構造になっている．櫛の歯に相当する部分を**フィンガ**と呼び，フィンガの長さと本数の積が W_G に相当する．多数のフィンガを備えることを**マルチフィンガ構造**と呼ぶ．通常の高出力 PHEMT は

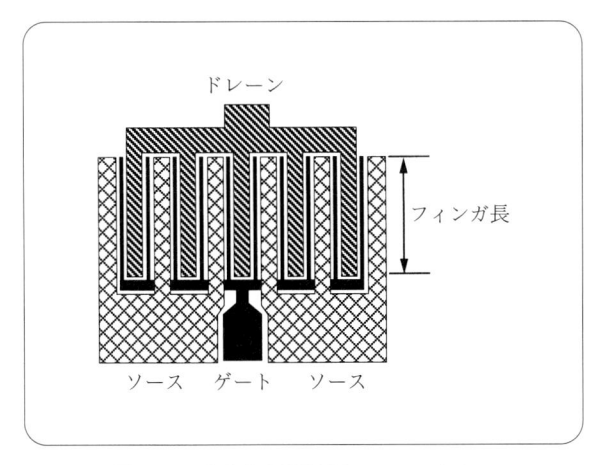

図 5.17　高出力 PHEMT のユニットセル

システムの要求出力に合わせて，図のようなユニットセルを並列に複数個配置した構造になっている．

上記のような平面的構造に加えて，高出力 PHEMT は以下のような特徴的断面構造を有している．図 5.18(a) に示すように InGaAs チャネルの上下に n 形 AlGaAs キャリヤ供給層を設け，チャネル層の上下に 2 DEG を発生させて電流駆動能力を高めている．図(b)はチャネル近傍の伝導帯下端の様子を示したもので，上下から電子が供給されたことによるバンドの曲がりが生じ，図 5.1(b) を背中合わせに二つつないだような構造になっている（ダブルヘテロ構造と呼ばれることがある）．

このような結晶構造を作る際には，下側にある n 形 AlGaAs 中のドナー不純物である Si の表面偏析によるチャネル層への混入によって，下側の 2 DEG の移動度が低下しやすい．

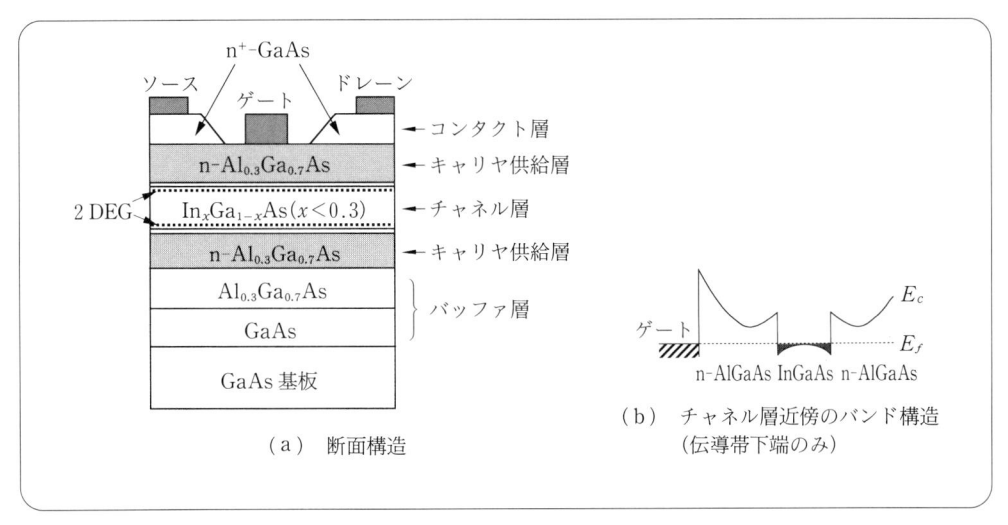

(a) 断面構造

(b) チャネル層近傍のバンド構造
（伝導帯下端のみ）

図 5.18　高出力 PHEMT

5.3.2 高出力PHEMTの特性

PHEMTに限らず高出力トランジスタに共通の高出力化・高効率化のための課題がある．これを図5.19を用いて説明する[2]．図は高出力PHEMTの電流-電圧特性であるが，ソース-ドレーン間の電圧を上げていくと，素子の材料や構造によって決まる降伏電圧BV以上で急激なドレーン電流I_Dの増加が発生する．また，ゲート-ドレーン間に電流が流れない範囲でゲート電極に順方向バイアスを加えていくと，I_Dは電流I_{max}まで高めることができる．このI_{max}における折れ曲がり点のV_{DS}を**ニー電圧**（knee voltage）V_Kと呼ぶ．

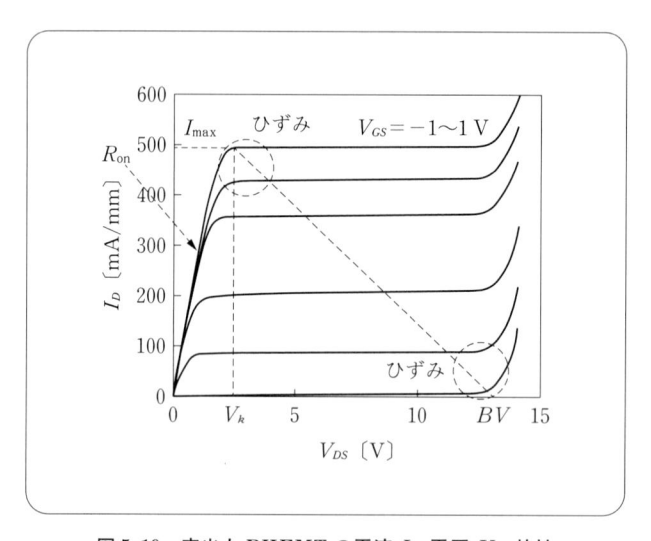

図5.19 高出力PHEMTの電流I_D-電圧V_{DS}特性

高出力トランジスタが増幅作用を行える範囲はこの三つのパラメータで決まる三角形である．したがって，高出力化のためにはBVとI_{max}の増加及びV_Kの低減を行えばよいことになる．BVの増大にはゲート-ドレーン間の距離を広くとるオフセット化などによる構造の最適化や禁制帯幅の大きな材料の選択などが有効である．I_{max}の増大には，前項で述べたフィンガを多数有する平面構造やチャネルに多くの電子を蓄積できる断面構造及び高移動度・高v_S材料の選択などが有効である．また，これらはオン抵抗R_{on}を下げV_Kを低減させることにも有効である．R_{on}とV_Kは，以上の事柄に加えてコンタクト層や電極の構造にも大きく影響を受ける．

これらのことを考慮して作製された携帯電話用高出力PHEMTの電力増幅特性の例を図

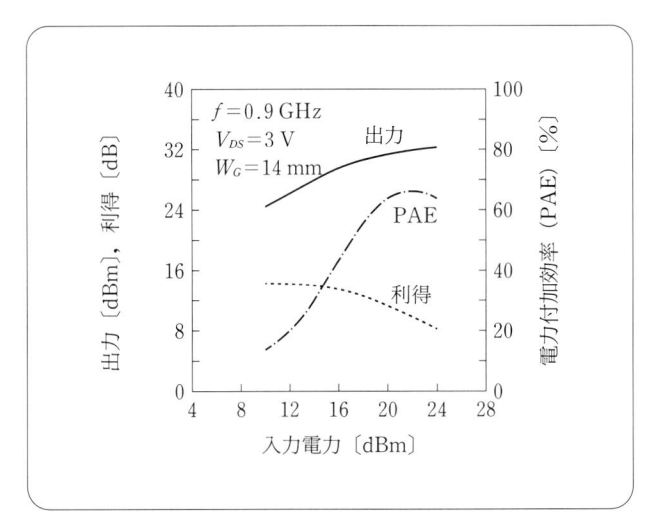

図5.20 高出力 PHEMT の電力増幅特性[11]

5.20 に示す[11]．1.6 W の出力と 66％の高い**電力付加効率**（**PAE**：power‐added efficiency）が得られている．

PAE は

$$\mathrm{PAE} = \frac{\text{出力電力 } P_{\mathrm{out}} - \text{入力電力 } P_{\mathrm{in}}}{\text{直流電力 } P_{DC}}$$

で表される．

なお，通信システムによっては線形性の良い高出力トランジスタが求められる．図5.19 のように BV 付近と V_K 付近では線形性が悪くなり出力特性がひずむため，線形性の良い中心部のみを用いると，取り出せる出力や効率は減少する．

本章のまとめ

❶ **HEMT**　　変調ドープヘテロ接合を利用した高速 FET
❷ **PHEMT**　　ひずみ整合 InGaAs をチャネルに用いた HEMT
❸ **InP HEMT**　　InP を基板に用いた高 In 組成超高速 HEMT
❹ **MHEMT**　　GaAs 基板上に格子ひずみ緩和して作られた高 In 組成超高速 HEMT
❺ **高出力 PHEMT**　　ダブルヘテロとマルチフィンガ構造で高出力化した PHEMT

―――●理解度の確認●―――

問 5.1 HEMT に高電子移動度と高速性をもたらしている基本的な技術について述べよ．

問 5.2 $L_G = 0.15\,\mu\mathrm{m}$ の HEMT において f_T が 200 GHz であった．この素子のチャネル層における飽和電子速度はどの程度であるか．

問 5.3 HEMT の耐圧を高めるにはどのようにすればよいか．

6 化合物バイポーラトランジスタ

　化合物半導体を用いたバイポーラトランジスタは，SiGe バイポーラトランジスタと同様にヘテロ接合を用いている．このヘテロ接合によりエミッタに注入される正孔電流を抑えつつ，すなわち高い電流増幅率を維持しつつ，ベース層の高濃度ドーピングによる低抵抗化と薄層化を可能としている．また，化合物半導体の特有の高い移動度や飽和電子速度との相乗効果により，電子のベース走行時間などを短縮できる．これらの利点を生かし，高速動作が可能なデバイスが実用化されている．

　本章では，化合物バイポーラトランジスタの基本動作と半導体材料や用途によるいくつかの形態，及び前章で学んだ HEMT との特性上の違いについて学ぶ．

6.1 GaAs HBT

p形GaAsをベース層とするHBTは携帯電話の高出力トランジスタなどに利用されている．ベースに対してヘテロ接合を形成するエミッタ層にはn形のAlGaAsやInGaPが用いられる．本節ではHBTの基本的な構造と動作について学ぶ．

6.1.1 HBTの構造と電流成分

〔1〕 HBTの構造と不純物ドーピングプロファイル

バイポーラトランジスタにはnpn形とpnp形の2種類があるが，高速用途には正孔より移動度が大きい電子をキャリヤとするnpn形が用いられる．図6.1に，Siバイポーラトランジスタ（Si BJTと略す）と比較して，AlGaAs/GaAs HBTのドーピングプロファイル及びエネルギーバンド図を示す．

4章で述べたように，Si BJTではドーピング濃度をE＞B＞Cの順にする必要がある．Si BJTの高速化を目的としてベース層を薄くすると，ベース抵抗が上がりベース注入時間が長くなってしまう．これの対処としてベースへのドーピング濃度を上げようとすると，エミッタへの正孔の注入が増加して電流増幅率 $\beta(\equiv h_{FE})$ が下がってしまうというジレンマに陥ってしまう．一方，HBTではエミッタ-ベース間のヘテロ接合によって生じる価電子帯上端の不連続 ΔE_v が正孔の注入を妨げるため，ベース層のドーピング濃度を最も高くすることができることから β を維持しつつ高速化が可能である．

ところで，HBTのベース層におけるp形不純物の上限は，エピタキシャル結晶成長法や不純物元素に大きく依存する．固体ソースMBEではp形ドーパントとしてBeが用いられるが，$10^{19}\mathrm{cm}^{-3}$ 程度の濃度以上にドーピングすると拡散などによりドーピングプロファイルが変わってしまったり，HBTの電流駆動中にもBeが移動して特性劣化を起こすなどの問題が生じたりする．また，MO-VPE法ではp形ドーパントとしてC（炭素）が用いられるが，$10^{20}\mathrm{cm}^{-3}$ までドーピングをしてもプロファイルが安定しているという利点があるものの，それ以上の濃度では電子の拡散長が急激に短くなり β が劣化する．したがって，これがCのドーピング上限である．

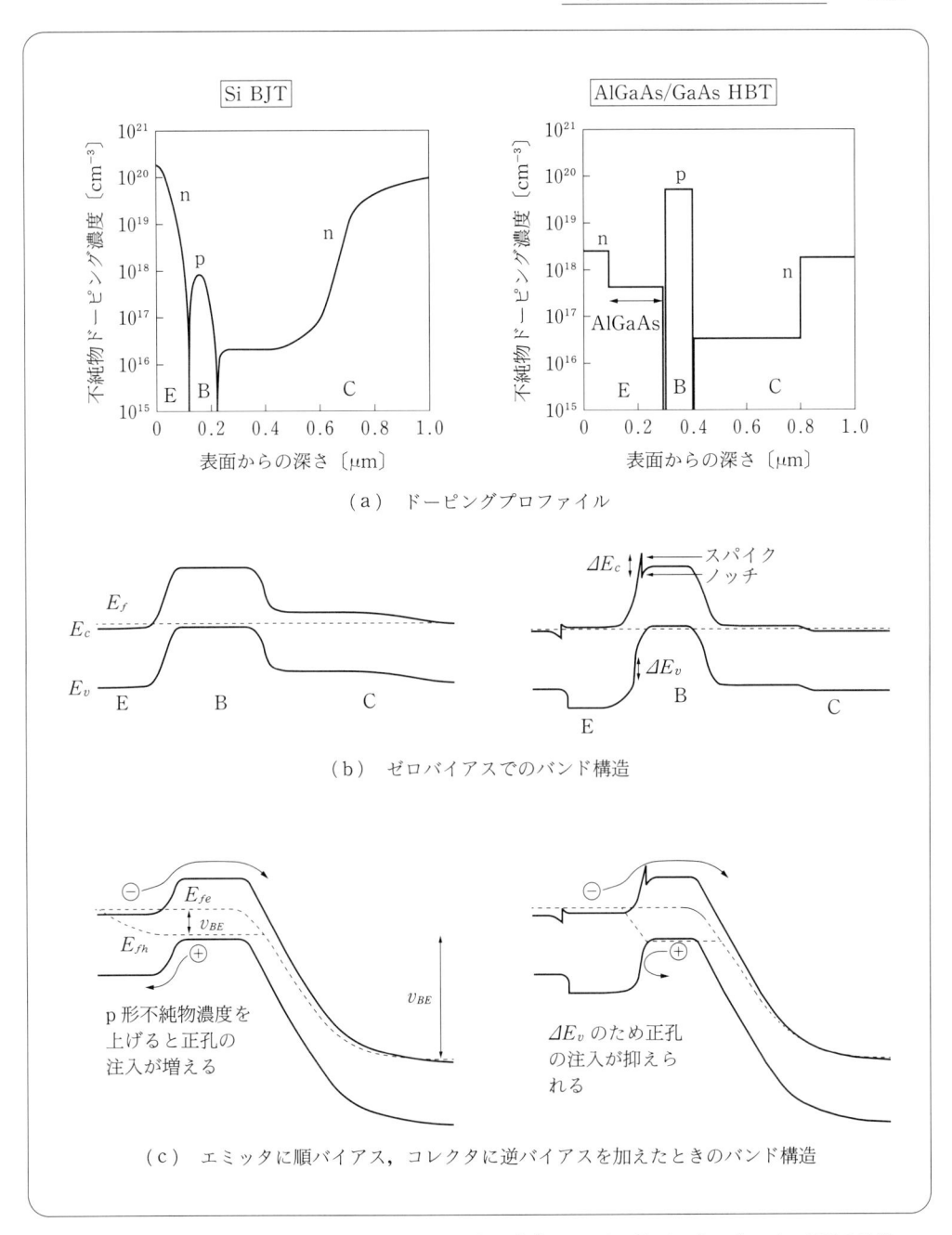

図 6.1 Si BJT と AlGaAs/GaAs HBT のドーピングプロファイル及びエネルギーバンド図の比較

〔2〕 HBT の電流成分と電流増幅率

HBT に流れる電流成分を概念的に表すと図 6.2 のようになる．エミッタから注入された電子の大部分はコレクタに到達し，コレクタ電流 I_c となる．ベースから注入された正孔は以下の 3 通りのいずれかの経過をとる．

6. 化合物バイポーラトランジスタ

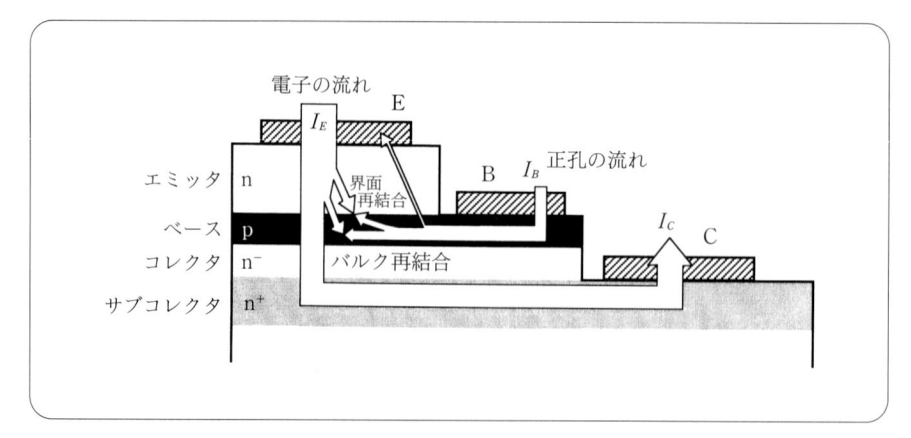

図6.2 HBTに流れる電流成分

第1は，ベース内でエミッタから注入された電子と再結合して消滅するバルク再結合で，通常の化合物半導体 HBT にみられるものである．

第2は，エミッタ-ベース界面で再結合するもので，結晶成長の不良で界面付近に結晶欠陥が多い場合や界面が露出している部分の保護処理が不完全な場合にみられる．

第3は，結晶品質が特に良好な場合で，エミッタ内に深く正孔が注入されるものであり，Si バイポーラトランジスタがこれに相当する．Si では結晶欠陥が少なく間接遷移形半導体であることから，GaAs に比べて少数キャリヤの寿命が約5桁も大きく拡散長も桁違いに大きい．

電流増幅率 β は，第1のバルク再結合電流が支配的な場合は近似的に次のように表される[1]．

$$\beta \equiv \frac{I_C}{I_B} \fallingdotseq \frac{2L_B^2}{W_B} \tag{6.1}$$

ここで，L_B はベースでの電子の拡散長，W_B はベース層の厚さである．したがって，β を大きくするには，L_B を低下させない程度にベース層に高濃度ドーピングして，かつ，ベース抵抗が同じ程度になるように W_B を小さくすることが有効である．

次に，バルク再結合や界面再結合が無視できる第3の場合では β は

$$\beta \fallingdotseq \frac{N_E v_{Be}}{P_B v_{Eh}} \exp\left(\frac{\varDelta E}{kT}\right) \tag{6.2}$$

のように表される．ここで，N_E はエミッタのドナー濃度，P_B はベースのアクセプタ濃度，v_{Eh} はエミッタでの正孔速度，v_{Be} はベースでの電子速度である．また，$\varDelta E$ は，エミッタ-

ベース間の正孔に対するエネルギー障壁と電子に対するエネルギー障壁の差である．エミッタ-ベース界面における ΔE_c によるスパイクが発生しないように工夫されたエピタキシアル結晶を用いた場合は，ΔE は禁制帯幅の差 ΔE_g とみなしてよい．

6.1.2　HBTの小信号等価回路解析

〔1〕　HBT の小信号等価回路と y パラメータ

5.1.2項と同様に，HBT においても図 6.3 のように等価回路を定義できる．エミッタ-ベース-コレクタの各界面に容量とコンダクタンスを定義し，各層の抵抗とエミッタ-コレクタ間に増幅能力を与える電流源を加えているだけなので，FET よりは理解しやすい等価回路である．

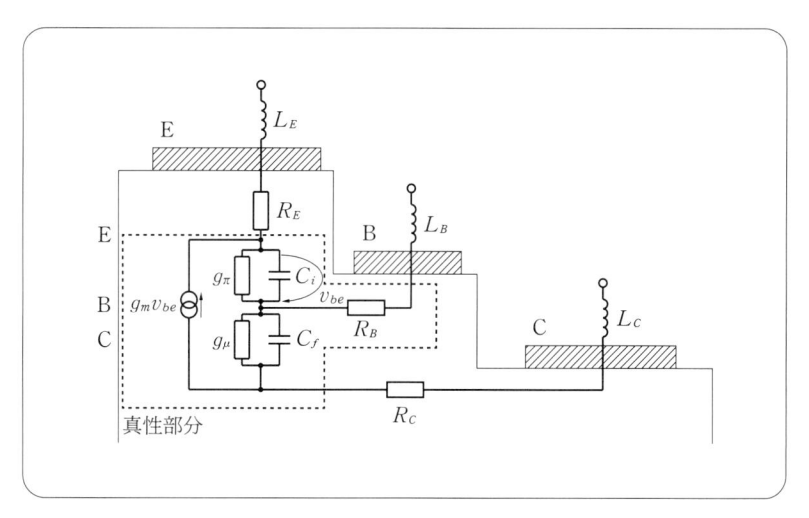

図 6.3　HBT の構造と小信号等価回路

この回路をエミッタ接地にし，入力をベース，出力をコレクタとして破線で囲った真性部分の y パラメータを求めると次のようになる．

$$y_{11} = \frac{g_\mu + g_\pi + j\omega(C_i + C_f)}{1 + R_B\{g_\mu + g_\pi + j\omega(C_i + C_f)\}} \tag{6.3}$$

$$y_{12} = \frac{-(g_\mu + j\omega C_f)}{1 + R_B\{g_\mu + g_\pi + j\omega(C_i + C_f)\}} \tag{6.4}$$

$$y_{21} = \frac{g_m - (g_\mu + j\omega C_f)}{1 + R_B\{g_\mu + g_\pi + j\omega(C_i + C_f)\}} \tag{6.5}$$

$$y_{22} = \frac{(g_\mu + j\omega C_f)\{1 + R_B(g_m + g_\pi + j\omega C_i)\}}{1 + R_B\{g_\mu + g_\pi + j\omega(C_i + C_f)\}} \tag{6.6}$$

この y パラメータから HEMT の場合と同様の方法で遮断周波数 f_T を求めると，次のような近似式を得る．

$$f_T \fallingdotseq \frac{g_m}{2\pi(C_i + C_f)} \tag{6.7}$$

ここで

$$g_m = \frac{\partial I_C}{\partial V_{BE}} \tag{6.8}$$

であるが，ダイオード特性の範囲では次式のような近似ができる．

$$I_C \fallingdotseq I_E = I_0\left\{\exp\left(\frac{qV_{BE}}{kT}\right) - 1\right\} \fallingdotseq I_0\exp\left(\frac{qV_{BE}}{kT}\right) \tag{6.9}$$

これを式(6.8)に当てはめることで g_m は次式のようになる．

$$g_m \fallingdotseq \frac{q}{kT}I_C \tag{6.10}$$

したがって，g_m は I_C に比例して上昇する．

〔2〕 HBT の f_T と f_max

式(6.7)において C_i や C_f は，pn 接合の空乏層による接合容量とキャリヤがベースやコレクタを走行するのに要する時間遅れによって発生する拡散容量の成分を持っている．高出力トランジスタなどとして用いる HBT のように I_C が大きい場合では，この拡散容量が支配的になる．このとき C_i と C_f は次式のようになる．

$$C_i \fallingdotseq \frac{q}{kT}I_C\tau_B \tag{6.11}$$

$$C_f \fallingdotseq \frac{q}{kT}I_C\tau_C \tag{6.12}$$

ここで，τ_B と τ_C は，それぞれ電子のベース走行時間とコレクタ走行時間である．この二つの式と式(6.10)を式(6.7)に代入すると f_T は

$$f_T \fallingdotseq \frac{1}{2\pi(\tau_B + \tau_C)} \tag{6.13}$$

のように表される．

したがって，f_T は電子がベースとコレクタを走行する時間の逆数に比例し，τ_B と τ_C を小さくすることが高速動作に有効であることが分かる．

次に，τ_B と τ_C がデバイスの寸法と材料パラメータに対してどのような関係になっているか以下に述べる．τ_B は電子のベース層（厚さ W_B）内の走行時間であり，拡散走行のみを仮定すると

$$\tau_B = \frac{W_B^2}{2D_n} \tag{6.14}$$

のようになる．ただし，D_n は拡散定数でアインシュタインの関係式から次式のように表すことができる．

$$D_n = \frac{kT}{q}\mu_n \tag{6.15}$$

以上の式から分かるように，HBT の最大の特徴というべきベース層への高濃度ドーピングと薄層化による W_B の短縮効果により，τ_B を小さくできる．また，化合物半導体では Si に比べて電子移動度 μ_n が大きいことも τ_B の短縮に有利である．

他方で，後述のような結晶構造を工夫するなどしてベースに内蔵電界を持たせたドリフト・ベース・バイポーラトランジスタのように，ドリフト走行のみを仮定できる場合には，τ_B は

$$\tau_B = \frac{W_B}{v_S} \tag{6.16}$$

のように表すことができる．

拡散走行に比べドリフト走行時間は桁違いに短い．

τ_C は電子のコレクタ層（厚さ d）内の走行時間であり，高電界領域であるためドリフト走行のみと仮定でき

$$\tau_C = \frac{d}{2v_S} \tag{6.17}$$

のように表すことができる．

以上の他に f_T の向上に関して考慮すべきこととして，エミッタ及びコレクタの充電時間を短縮するために，R_E，R_C 及び C_i を低減することが重要である．

最大発振周波数 $f_{\max}$ は HEMT と同様な手段により，次の近似式で与えられる．

$$f_{\max} \fallingdotseq \sqrt{\frac{f_T}{8\pi C_f R_B}} \tag{6.18}$$

この式から分かるように，$f_{\max}$ の向上のためには f_T を高くすることが当然必要である．しかし，f_T を上げるために W_B を小さくするとベース抵抗 R_B が増大したり，また，d を小さくするとベース-コレクタ間容量 C_f が大きくなってしまうという逆効果もある．したがって，$f_{\max}$ の高いデバイスを作るためには，このトレードオフを考慮して設計する必要がある．

なお，HBT においてはエミッタ-ベース接合とベース-コレクタ接合の面積が同等であることが理想的であるが，実際には図 6.3 に示したような構造をとるために後者の接合の面積のほうがはるかに大きい．このために C_f を下げることが難しくなっている．これに対処するため，ベース電極を側壁に形成する構造やイオン打ち込みによってベース電極下のコレクタ層を高抵抗化[2]する工夫も行われている．

6.1.3 AlGaAs/GaAs HBT と InGaP/GaAs HBT

〔1〕 材料面からの比較

GaAs HBT ではエミッタの材料の選択肢に AlGaAs と InGaP の 2 通りがある．これに対応する最適な結晶成長法やベース層のドーパントなどを表 6.1 にまとめる．

表 6.1 2 種の GaAs HBT の構造比較

	AlGaAs GaAs HBT	InGaP GaAs HBT
エミッタ	n-AlGaAs：Si	n-InGaP：Si
ベース	p-GaAs：Be または C	p-GaAs：C
コレクタ	n-GaAs：Si	n-GaAs：Si
結晶成長方法	MBE	MO-VPE

(半導体名の：で隔てられたあとの元素はドーパント)

AlGaAs/GaAs HBT は，V 族元素がすべての層で共通であるため，固体ソース MBE による結晶成長やデバイスプロセスが比較的容易である．したがって，開発も実用化も比較的早期に行われた．しかし，6.1.1 項で述べたような拡散しやすい不安定な Be ドーピングに伴うデバイス特性の通電劣化対策や酸化しやすい AlGaAs への保護膜形成技術などが必要となる．

InGaP/GaAs HBT は，上記の課題を材料の変更により克服することを目的に開発された．InGaP を用いることによる化学的な安定性の向上，DX センタのない良好なドーピング

特性，大きな ΔE_v（約 0.3 eV）による β の向上が可能となる．また，MO-VPE 法により安定な炭素のドーピングが容易にできる．これらの利点からマイクロ波高出力トランジスタとして好適である．一方で，材料起因の独特の困難さもある．例えば，エミッタ-ベース界面では蒸気圧の高い V 族元素が As から P に切り換わるため，数分子層にわたって混入が起こりやすく，結晶成長に高度なノウハウが要求される．また，InGaP は同一の混晶組成でも，結晶成長条件の違いによってはオーダリングと呼ばれる微細な周期構造が自然に形成されて，禁制帯幅や GaAs に対する ΔE_v が変化してしまう．更に，結晶成長中に取り込まれる水素によってベース層の炭素がアクセプタとして一部不活性になるため，これを回避する技術も必要となる．

以上から，この HBT は結晶技術に対して高度の技術を要求するとともに，これまでの As 化合物とはエッチング条件などが大幅に異なる P を含む材料のプロセス技術も新たに必要とする．しかし，近年量産技術も確立し W-DCMA 方式の携帯端末などに利用されつつある．

〔2〕 **マイクロ波高出力 HBT の構造と特性**

マイクロ波高出力 HBT は高速動作と高出力を両立するためエミッタのサイズを小さくした HBT を隣接して並列接続させた図 6.4(a)のようなチップ構造になっている．ユニットセルは図(b)の断面構造にあるように，3 段階の**メサエッチング**（mesa-etching）によりエミッタ，ベース及びサブコレクタの各層を露出させオーミック電極を形成している．これを図(a)の全体像にあるように数十個並列接続しているが，エミッタ間の接続はベース及びコレクタをまたぐようにアーチ状のエアブリッジ配線を行っている．また，ベースとコレク

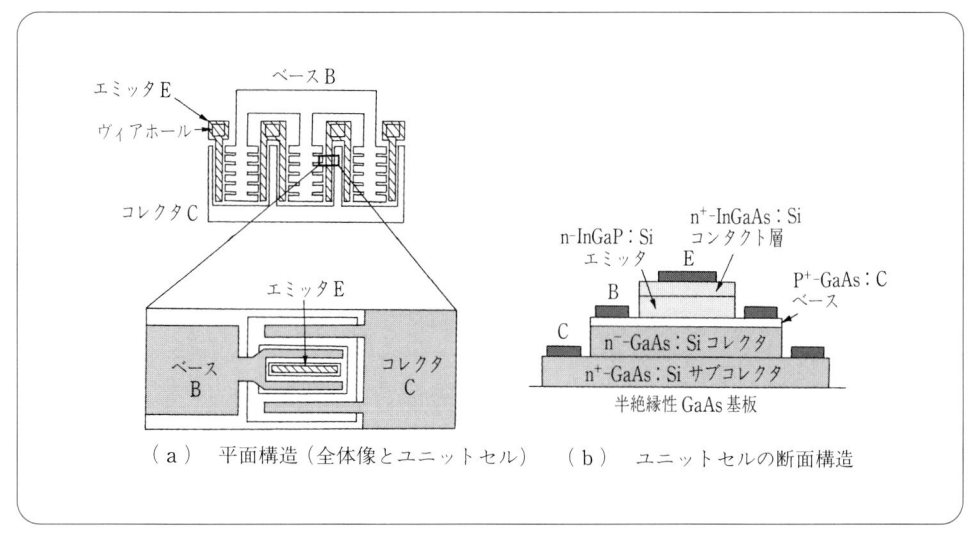

図 6.4 マイクロ波高出力 HBT

タは金ワイヤのボンディングによってパッケージへの接続を行っているが，エミッタは**貫通孔**（**ヴィアホール**：via hole）によって半絶縁性 GaAs 基板の裏面全体に形成した電極と接続して，高周波の損失となりやすいワイヤボンディングを不要としている．なお，化合物半導体では Si と異なり絶縁性基板を使える恩恵から，コレクタ-アース間の寄生容量が無視できるほど小さくこれによる特性劣化が少ない．

図 6.5 に，高出力 HBT の電流-電圧特性を示す．コレクタ電流 I_C が大きい領域でコレクタ電圧 V_{CE} を上げても，I_C が減少しているのは発熱によるものである．発熱は時定数の長い成分であり，高周波的には現れない要素であるが，投入電力が大きくなり定常的に温度上昇が生じる場合に特性は劣化する．反面，この現象は熱暴走による破壊を防ぐ効果がある．また，Si バイポーラトランジスタのようにベース長が実効的に短くなることによって生じる I_C の上昇（**アーリー効果**；Early effect）が現れていないのは，ベースに高濃度ドーピングできる HBT の特徴の一つである．

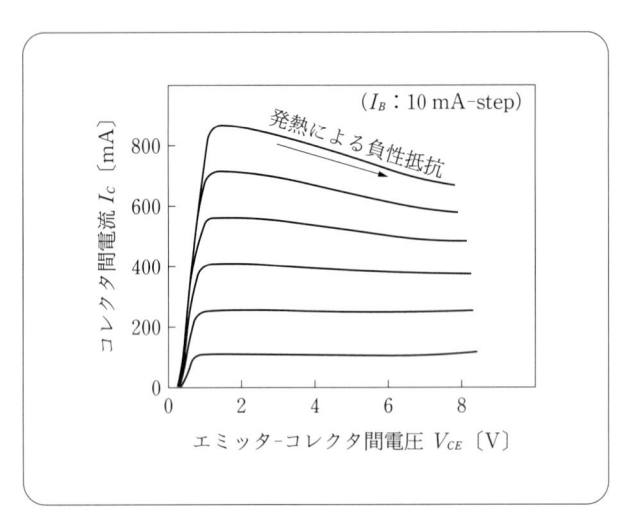

図 6.5　高出力 HBT の電流-電圧特性

6.2　その他のHBT

　HEMT と同様に，HBT でも電子輸送特性に優れた InP 系材料を用いることで高速化が可能となる．また，ヘテロ構造を工夫することによっても高速化や高耐圧化ができる．本節では，次世代の新しい HBT について学ぶ．

6.2.1 InP HBT

高速動作の点において InP HEMT が GaAs HEMT より優れていたように，InP HBT も GaAs HBT より高速な動作が可能である．InP HBT の断面構造を図 6.6(a) に示す．基板は InP でこれに格子整合する高 μ・高 v_S の $In_{0.53}Ga_{0.47}As$ をベースとコレクタに用いているため高速動作に適している．InP HBT は特に高い f_T や f_{max} を要求する 40 Gbit/s 光伝送システムの IC などに利用され始めている．

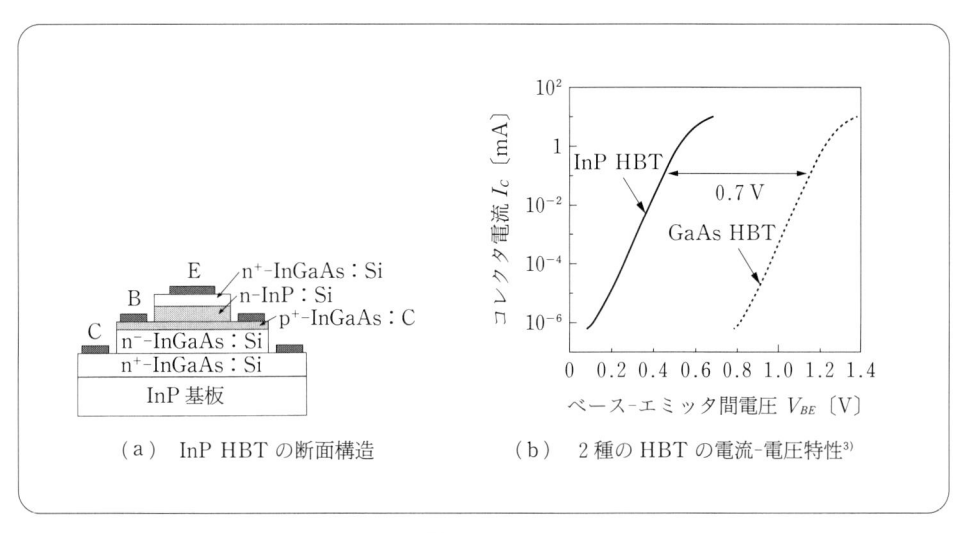

図 6.6 HBT

InP HBT は高価な InP 基板を用いているものの GaAs HBT より電力密度を高くすることができるため，チップの小形化が可能である．更に，InGaAs ベース層の禁制帯幅が小さいため，図 (b) に示すようにトランジスタがオン状態となる電圧（**ターンオン電圧**（turn-on voltage））が約 0.7 V 低い[3]．これにより電力付加効率の向上と低電圧動作が可能となり，電池を電源とするモバイル通信機器で恩恵が大きい．したがって，コストしだいでは携帯電話などの高出力トランジスタに用いられることも考えられる．

InP HBT の結晶は MO-VPE と MBE の双方において良好な特性のものが作られている．

6.2.2 ダブルヘテロ接合バイポーラトランジスタ

HBT の高速化には半導体材料の選択やベース-コレクタの薄層化が有効であるが，これとトレードオフの関係にある性能指標が**耐圧**である．コレクタを薄くして τ_C を小さくしようとすると，電界強度が厚さに反比例して上昇するため電子雪崩降伏が起きやすくなる．し

たがって，コレクタにも禁制帯幅の大きい半導体を用いて電子雪崩降伏を抑え，高速・高耐圧を両立させることを目的としたものが**ダブルヘテロ接合バイポーラトランジスタ**（**DHBT**：double HBT）である．そのエネルギバンド構造を図6.7(a)に示す．ベース-コレクタ界面に ΔE_c によるスパイクが発生すると電子電流が妨げられて再結合が増えるため，スパイクを小さくする界面の形成技術が必要となる．

(a) DHBT のエネルギーバンド図

(b) 各種バイポーラトランジスタの耐圧 BV_{ECO} と遮断周波数 f_T の関係[3]

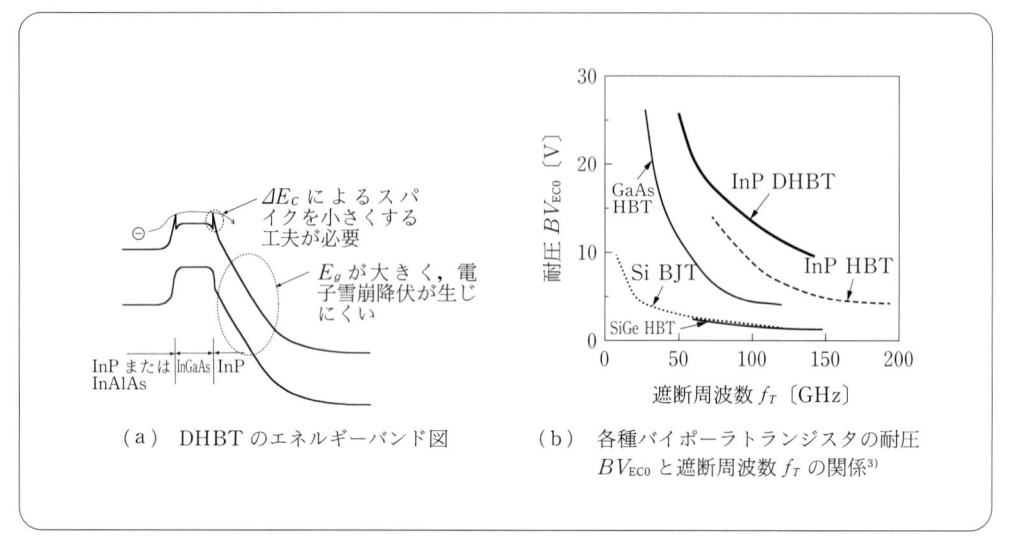

図6.7　HBT

図(b)は，各種バイポーラトランジスタの f_T とエミッタ-コレクタ間耐圧 BV_{ECO} の関係である．同じ材料系の HBT では薄層化などにより高 f_T 化できるが同時に BV_{ECO} は低下することが分かる．しかし，DHBT 構造にすることでヘテロ接合が一つだけの InP HBT と比べて，同じ f_T で 5 V 程度の耐圧向上ができることが分かる[3]．

ところで，HBT が使われるシステムや回路の用途によって必要とされる耐圧は異なり，それに合わせたデバイスの選択が必要である．例えば，40 Gbit/s の光通信システムにおいて信号処理の論理回路などには SiGe HBT で対応できるが，高い電圧が加わる光変調回路などには InP HBT が好適である．

GaAs を基板とする DHBT でもベース層に GaAsSb などの禁制帯幅の小さい材料を用いて，前項で述べた InP 基板の HBT には及ばないが，オン電圧を下げることが可能である．これにより民生品として実績のある GaAs 基板上の HBT で携帯電話の高周波パワー増幅器の効率を更に高めることが期待できる[4]．

6.2.3 グレーデッド・ベースHBT

6.1.2節で述べたようにドリフト・ベース・バイポーラトランジスタでは，電子のドリフト走行により τ_B を大幅に短縮できる．このようなトランジスタを実現するためにはベース層を混晶とするとともに，薄いベース層内で混晶比を連続的に変化させたグレーデッド・ベース構造を作製する必要がある．（4.3節参照）

図 6.8 はグレーデッド・ベースHBTのバイアス印加時のバンド構造を示したものであるが，ベース層の禁制帯幅をエミッタ側で広くコレクタ側で狭くするように組成を変えることで，伝導帯下端に傾斜ができ内蔵電界が形成される．例えば，$0.1\,\mu\mathrm{m}$ の厚さのベース内で $0.2\,\mathrm{eV}$ の差が生じるような傾斜を作ると，内蔵電界は $20\,\mathrm{keV}$ にもなり，電子は v_s で走行することになる．

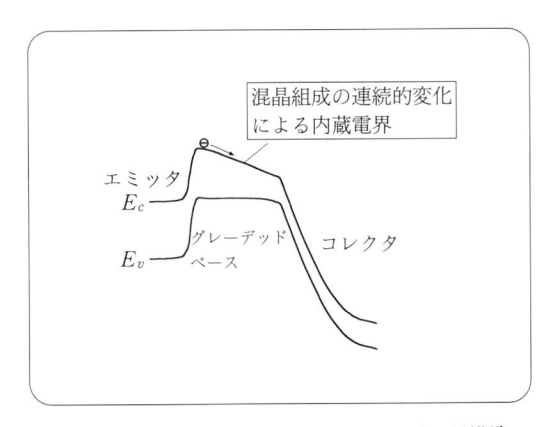

図 6.8 グレーデッド・ベースHBTのバンド構造

グレーデッド・ベースHBTを作製する際の材料の例を，GaAs及びInPを基板とする場合に分けて表 6.2 に示す．薄いベース層の中で格子定数を一定に保ちながら三元ないし四元の混晶組成を所望のプロファイルにすることは容易ではなく，生産技術に至るまでの課題は大きい．

表 6.2 グレーデッド・ベースHBTの材料

エミッタ	AlGaAs InGaP	InP
ベース	AlGaAs InGaAsN GaAsSb など	InGaAs InGaAsP InGaAsSb など
コレクタ	GaAs	InGaAs
基板	GaAs	InP

6.3 HEMTとHBTの比較

これまで学んだように，高速トランジスタには，電界効果トランジスタとバイポーラトランジスタがある．本節ではこれらのデバイスの代表として，それぞれ，HEMTとHBTを対象として性能の比較や最適用途について学ぶ．

6.3.1 高周波雑音と$1/f$雑音

アンテナで受信した微弱な高周波信号を増幅することを目的とする**低雑音増幅器**（**LNA**：low noise amplifier）のトランジスタに要求される重要な性能指標が高周波雑音特性である．

高周波雑音の定量的解析は容易ではないが，次のようないくつかのメカニズムが知られている．荷電粒子の不規則な注入や放出による**ショット雑音**（shot noise），電流が二つの回路に分流するときに発生する**分配雑音**（partition noise），半導体中を移動するキャリヤが結晶格子に衝突することで発生する**拡散雑音**（diffusion noise），抵抗成分に発生する白色スペクトルを持つ**熱雑音**（thermal noise）などである．

雑音の各論は専門書に譲るが，各種トランジスタの高周波帯域での雑音指数 NF の例を図 6.9（a）に示す．バイポーラトランジスタより電界効果トランジスタのほうが，また，電子輸送特性に優れた半導体材料を用いたデバイスのほうが NF は低く，低雑音増幅器に好適であることが分かる．

次に，低周波帯域では周波数に反比例した雑音スペクトルを有する**$1/f$雑音**（$1/f$ noise）（別名**フリッカ雑音**（flicker noise））が知られている．そのメカニズムは十分に解明されていないが，キャリヤの**発生再結合雑音**（generation-recombination noise）が大きな要因を占めていると考えられている．発生再結合雑音は半導体の界面や表面をキャリヤが走行するときに発生するため，表面近傍に沿って電子を走行させる電界効果トランジスタにおいて $1/f$ 雑音が多い（図（b））[1]．これに対して電子が界面を横切るバイポーラトランジスタでは本質的に $1/f$ 雑音が小さく，特に表面に露出した接合部分を適切に保護することで更にこの雑音を下げることができる．

発振器に $1/f$ 雑音が多いトランジスタを用いると，所望の発振周波数を中心に裾を引い

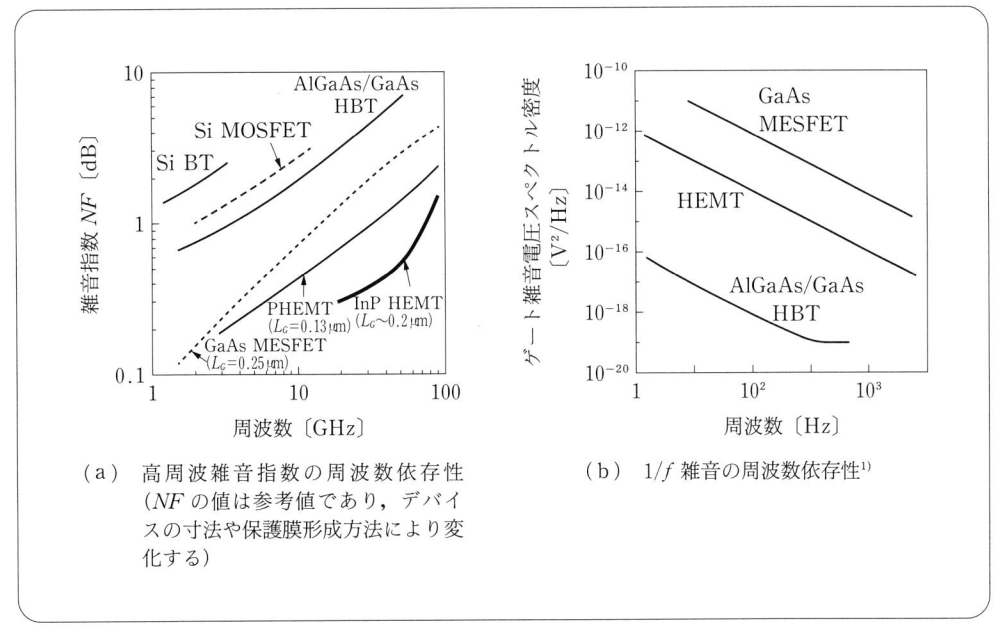

(a) 高周波雑音指数の周波数依存性
（NF の値は参考値であり，デバイスの寸法や保護膜形成方法により変化する）

(b) 1/f 雑音の周波数依存性[1]

図 6.9　各種トランジスタの周波数特性

た広がりの大きいスペクトルになる．このような発振器では発振周波数が常に揺らいだ状態になり，これを**位相雑音**（phase noise）と呼ぶ．携帯電話のような多重度の大きいシステムでは，隣接するチャネルへ信号が漏洩して影響を与えないように，周波数の安定性の高さが要求される．この点においてバイポーラトランジスタが優位である．

6.3.2　投入電力密度とチップサイズ

トランジスタとして増幅動作を行っている主な領域は，HEMT では図 6.10(a) のようにゲート電極下のチャネル部とそのドレーン寄りの領域，また，HBT では図(b) のようにエ

(a) HEMT の活性領域

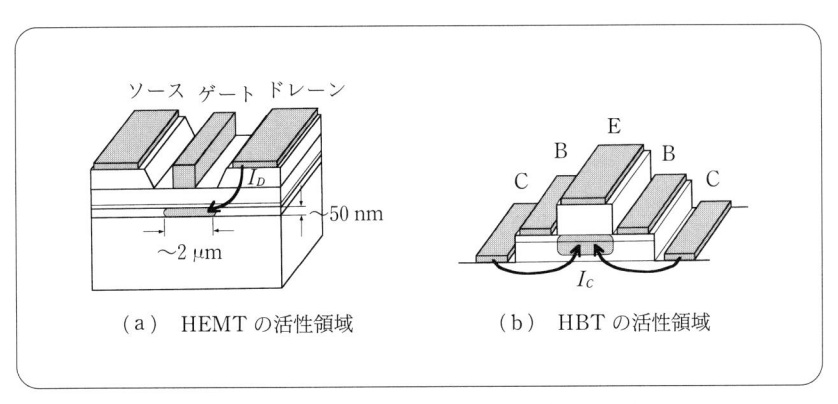

(b) HBT の活性領域

図 6.10　HEMT と HBT の活性領域（発熱領域）

ミッタのサイズに相当するベースとコレクタ上部の領域である[1]．これらの領域が処理している電力の密度は，上面からみた単位面積当たりで計算するとGaAs HBTはPHEMTより2倍以上大きい．高出力トランジスタの電極パターン（図5.17や図6.4参照）にもよるが，HBTのほうがほぼ半分のチップサイズで同一の高周波電力の増幅ができる．したがって，同一面積の基板から2倍の数のチップが取得でき，コスト的にHBTのほうが有利となる．

一方，電力密度が高いことは利点ばかりとはいえない．熱を逃がす面積が半分になってしまうことから熱抵抗が2倍となり，放熱対策を十分に行わないと出力が熱的に飽和してしまう問題を抱える．これらのPHEMTとHBTの得失を表6.3にまとめる．なお，PHEMTで電流密度が大きいのは薄いチャネル層に電流が集中するためである．

表6.3 電力密度の観点からまとめたPHEMTとHBTの比較

	電流密度 [A/cm²]	電力密度 [W/cm²]	同一電力に要するチップ面積比	熱抵抗比
PHEMT	1.2×10^6	2.5×10^5	2	1
HBT	5×10^4	5×10^5	1	2

6.3.3 その他の総合的比較

HEMTとHBTのその他の特徴を表6.4と図6.11にまとめて示す．遮断周波数f_Tや最大発振周波数f_{max}は，これまで学習したように材料や構造の工夫で共に高いものが得られている．しきい電圧V_Tに関しては両者で様子が大きく異なる．HEMTではゲート・リセス・エッチング（ゲート電極を形成する部分をエッチングにより削り込む工程）を行う必要があることから，エッチング深さの不均一によるV_Tのばらつきが生じる．一方，HBTでは結晶成長の段階でV_Tが決まってしまうのでばらつきは小さい．また，V_Tの値として，HBTでは正であるのに対して，HEMTでは始めからチャネル層に電子が存在するデプレション・モードであるためV_Tは負である．携帯電話のように電池で動作する機器で

表6.4 HEMTとHBTの特徴

	高g_m化	高f_T化	しきい値電圧V_T	V_Tの制御	プロセスの難点	ゲートまたはベース漏れ電流
HEMT	短ゲート化と大W_G化	短ゲート化でHBT並も可	負	ドナー濃度とゲートリセス量で変化→ばらつきやすい	サブミクロンゲート形成	極微少
HBT	原理的に高い	電子走行距離が短いため容易	正	ベース層のアクセプタ濃度に依存→高均一だが融通難	工程数多く複雑	少

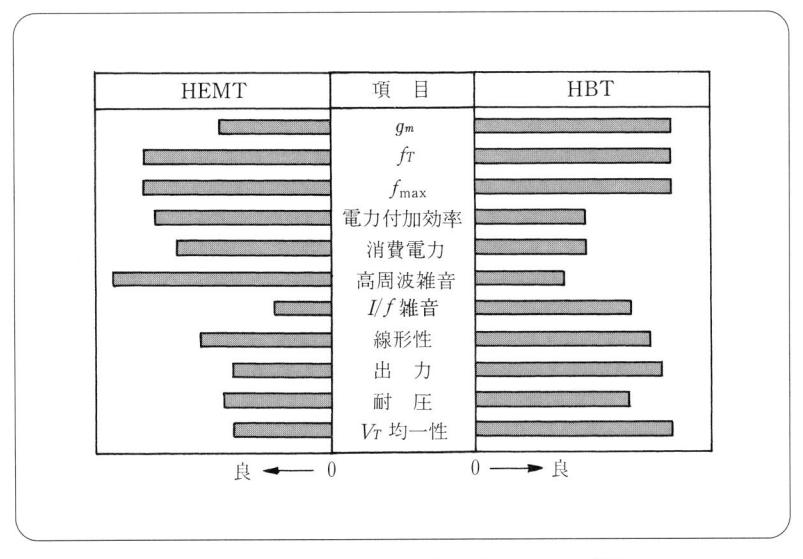

図 6.11　HEMT と HBT の各種特性における優劣

HEMT を使うためには，DC-DC コンバータを内蔵する必要がありコストアップになってしまう．なお，これに対処するために正電源のみで動作するエンハンスメント・モード PHEMT の開発も進められている[5]．

　これまでの比較を総合すると HEMT も HBT もオールマイティーではなく，HEMT は受信側の低雑音増幅器や高効率増幅器，HBT は発振器や高出力低ひずみ増幅器にそれぞれ有利であり，用途によって使い分けていく必要がある．

本章のまとめ

❶ **HBT**　　ヘテロ接合を利用して正孔の注入を抑えた高速バイポーラトランジスタ

❷ **InP HBT**　　InP を基板に用いた超高速 HBT

❸ **トランジスタの雑音**　　高周波雑音と $1/f$ 雑音

❹ **HEMT と HBT の比較**　　高周波雑音の低い HEMT と，$1/f$ 雑音・電力密度に優れる HBT

●理解度の確認●

問 6.1 ドリフト・ベース・トランジスタにおいて，ベース層の厚さが 0.1 μm で，コレクタ層の厚さが 1 μm とすると，どの程度の f_T が期待できるか．なお，この二つの層において飽和電子速度 v_s は 2×10^7 cm/s とする．

問 6.2 InP HBT のベース材料を InGaAs から GaAsSb に換えると，更に特性の向上が期待できる．この理由を考察せよ．なお，簡単のためベース層の混晶組成は均一とする．

7 超高速デバイスの基本回路とシステム応用

　前章までに種々の超高速デバイスの特徴を学んできたが，本章ではデバイスの基本回路及びシステム応用について学ぶ．超高速デバイスの回路応用は種々あるが，詳細は他のシリーズに譲り，本章では超高速デバイスの特徴を生かした最も基本的な回路応用について学ぶ．

7.1 ディジタル基本回路と性能

7.1.1 ECL 回路

バイポーラトランジスタで多く用いられている超高速基本回路は **ECL**（emitter coupled logic）**回路**である[1]．ECL 回路を図 7.1 に示す．ECL 回路は，エミッタを共通にして定電流を流す電流切換回路とエミッタホロワ回路で構成されている．入力 V_I は電流切換回路の片方のベース端子に，もう一方には一定の電圧 V_{BB} を加えている．電流切換回路のコレクタ端子より大きな電流を駆動できるエミッタホロワ回路を通して出力を取りだす．また，二つのエミッタホロワ回路を接続して入力論理の正否双方の出力を得ることができるため論理回路の柔軟性が可能となっている．

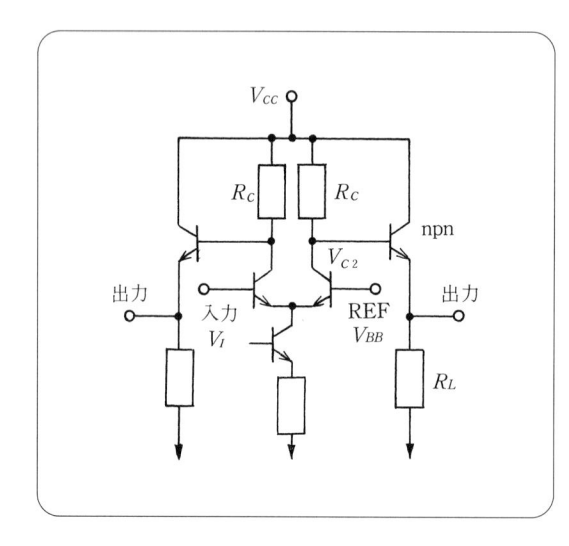

$$V_I = V_{BB} \pm \frac{V_A}{2}$$
$$V_{C2} = V_I + V_{BE}$$
$$= V_{BB} + V_{BE} \pm \frac{V_A}{2}$$

V_A：信号振幅
V_{BE}：ベース-エミッタ間電圧

図 7.1　ECL 回路

ECL 回路の遅延時間は，およそ次の応答で決まっている．

〔1〕 ベース応答

ベース応答は入力信号が電流切換回路のベースをオン電圧にするまでの時間であり，次の式によって近似できる．入力ベース端子に付加している入力容量を C_I，ベース抵抗を R_B とすると

$$R_B C_I \frac{dv_B}{dt} + v_B = V_{BB} - \frac{V_A}{2} + V_A V(t) \tag{7.1}$$

$$v_B = V_{BB} - \frac{V_A}{2} + V_A\left\{1 - \exp\left(-\frac{t}{\tau_1}\right)\right\} \tag{7.2}$$

ここで，$V(t)$ は入力ベース端子立上り電圧，v_B はベース電位，V_A は信号振幅である．

入力容量 C_I は

$$C_I = \frac{1}{2}C_{EB} + 2C_{BC} + C_D \tag{7.3}$$

なお，時定数 τ_1 は

$$\tau_1 = R_B C_I \tag{7.4}$$

ベース応答時間 t_B は次式のようになる．

$$t_B = 0.7\tau_1 \tag{7.5}$$

〔2〕 **コレクタ応答**

コレクタ応答は，電流切換回路のベースがオン電圧に到達しコレクタに蓄積されている電荷を放電時間であり，次式によって近似される．

$$C_c \frac{dv_C}{dt} - \frac{V_{CC} - v_C}{R_C} + I = 0 \tag{7.6}$$

ここで，v_C はコレクタ電位，C_c はコレクタ端子に付加する容量，R_C はコレクタ抵抗である．I を

$$I = \frac{V_A}{R_C} \tag{7.7}$$

とおくと

$$R_C C_c \frac{dv_C}{dt} + v_C = V_{CC} - V_A \tag{7.8}$$

$$v_C = V_{CC} - V_A\left\{1 - \exp\left(-\frac{t}{\tau_2}\right)\right\} \tag{7.9}$$

なお，時定数 τ_2 は

$$\tau_2 = R_C C_c \tag{7.10}$$

コレクタ応答時間 t_C は次式のようになる．

$$t_C = 0.7\tau_2 \tag{7.11}$$

〔3〕 **エミッタホロワ応答**

エミッタホロワの応答時間は出力電圧 v_o の状態で異なる．すなわち，v_o が低い電圧から高い電圧の状態に変化するときは，R_C と R_B の抵抗で出力負荷容量 C_L を充電するので，この場合の応答時間 t_{rEF} は

$$t_{rEF} = 0.7(R_C + R_B)\frac{C_L}{h_{FE}} \tag{7.12}$$

となる．また，v_o が高い電圧から低い電圧の状態へ変化するときは，抵抗 R_L で C_L に蓄積されている電荷を放電するので，この場合の応答時間 t_{rEF} は

$$t_{fEF} = 0.5 \frac{V_A C_L}{I_{EF}} \tag{7.13}$$

となる．よって，エミッタホロワ回路での応答時間 t_{EF} は次式のようになる．

$$t_{EF} = \frac{1}{2}(t_{rEF} + t_{fEF}) = \frac{1}{2}\left(0.7(R_C + R_B)\frac{C_L}{h_{FE}} + 0.5\frac{V_A C_L}{I_{EF}}\right) \tag{7.14}$$

ベース応答，コレクタ応答，エミッタホロワ応答時間の総和が ECL 回路の 1 ゲート当りの遅延時間である．これら応答時間の各成分をみると，ECL 回路の遅延時間はバイポーラトランジスタの自体の容量とベース抵抗，負荷容量，信号振幅に大きく依存していることが分かる．また，コレクタ端子，ベース端子，エミッタ端子に接続されている抵抗の寄生容量も各端子の容量として付加される．特にコレクタ端子に接続されている寄生容量の影響が大きい．**図 7.2** は ECL 回路の遅延時間を決定しているおよその成分を示したものである．遅延時間の限界はバイポーラトランジスタの遮断周波数で決定されているが付随している容量の充放電時間やベース抵抗などで特性が決定されている．ECL 回路を用いて超高速システムを構築するときは，全体の消費電力を考慮して電流切換回路の電流値を適正な値に設計する必要がある．

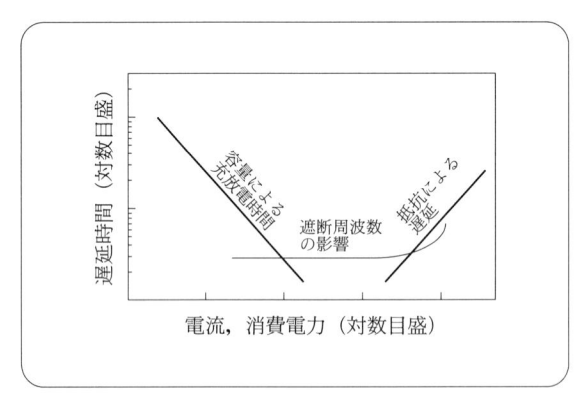

図 7.2 ECL 回路の遅延時間を決定している成分

4 章で学んだ寄生容量の低減により，低電流領域で高速性能の向上が期待できる．例えば，2 層多結晶シリコンバイポーラトランジスタ構造によりコレクタ-ベース間容量を低減させたため ECL 回路の遅延時間が向上したが，同時に負荷抵抗を多結晶シリコンで形成し，抵抗に付随している寄生容量を低減させた効果は無視できない．

また，バイポーラトランジスタの微細化と浅接合化によって遮断周波数を向上させることにより最小遅延時間の低減が可能となる．そのため ECL 回路の遅延時間でバイポーラトランジスタの性能を表すこともできる．**図 7.3** は ECL 回路 1 ゲート当りの遅延時間のトレンドを示したものである．

1980 年以前は，アイソプレーナ形バイポーラトランジスタのため寄生容量の低下が期待

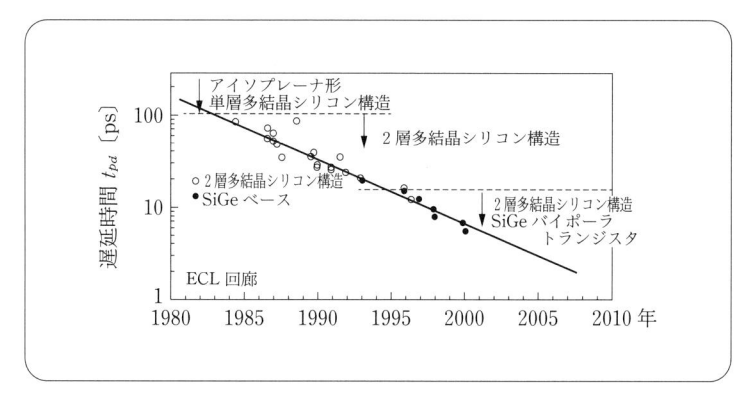

図 7.3　ECL 回路の遅延時間のトレンド

されずゲートあたりの遅延時間は 100 ps が限界とされていた．しかし，2 層多結晶シリコンバイポーラトランジスタが開発されてから遅延時間は大幅に縮小されてきている．また，2 層多結晶シリコンバイポーラトランジスタ構造と SiGe ベース構造を組み合わせた SiGe バイポーラトランジスタにより遮断周波数の大幅向上が図られ，ゲート当りの遅延時間は 10 ps 以下が可能となっている．

7.1.2　DCFL 回路と SCFL 回路

　HEMT などの化合物半導体を使った FET を用いたディジタル回路の用途として特筆すべきものには，後述のような超高速光伝送システムのマルチプレクサ（MUX：多重化回路）やデマルチプレクサ（DEMUX：分離回路）などが挙げられる．ここで多く用いられている超高速基本回路の一つは **DCFL**（direct coupled FET logic）**回路**である．DCFL 回路を図 7.4 に示す．DCFL 回路は構成が簡単で高速動作が可能であり，2 V 以下の電源電圧で動作可能であることから消費電力の少ない IC を作ることができる．動作としては NOR

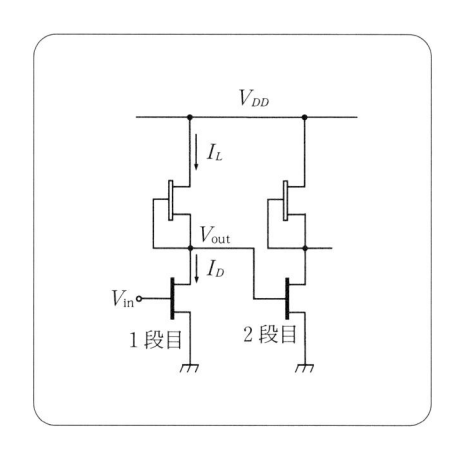

図 7.4　DCFL 回路（2 段）

回路となる．スイッチング素子として用いる FET にはエンハンスメント形のトランジスタを必要とすることから，デバイスプロセスとしては容易ではない．DCFL 回路構成により 0.2 μm のゲート長の GaAs MESFET で 10 Gbit/s の光伝送システム向けディジタル IC が試作されている[2]．

DCFL 回路の遅延時間は次のように表すことができる．1段目のインバータによって2段目のインバータをアップする時間とダウンする時間の合計 t は次式のようになる[3]．

$$t = \frac{\Delta VC}{I_L} + \frac{\Delta VC}{I_D - I_L} \tag{7.15}$$

ΔV は論理電圧振幅であり，C は1段目のインバータの出力端からみた全静電容量であるが，2段目のトランジスタの C_{GS} とみなしてよい．I_D を一定とすると $I_L = I_D/2$ のとき t は最小となり，スイッチング速度は最も速くなる．このとき式(7.15)は次式のように変形できる．

$$t \simeq \frac{4\Delta V C_{GS}}{I_D} = \frac{4 C_{GS}}{g_m} \tag{7.16}$$

ここで g_m は論理回路の振幅動作範囲での $I_D/\Delta V$ を表すが，ΔV を小さく設計した回路では小信号解析に用いた g_m として扱える．ここで，式(5.13)を当てはめると式(7.16)は次式のように変形できる．

$$t \simeq \frac{2}{\pi f_T} \tag{7.17}$$

この式から分かるように DCFL 回路のスイッチング速度の上限は f_T により決定されることが分かる．論理回路において高い f_T を持つデバイスの選択が行われるのはこのためである．

もう一つの基本回路として，**SCFL**（source coupled FET logic）**回路**がある．SCFL 回路を**図7.5**に示す．SCFL 回路はいっそう高速動作に優れており，デプレション形の FET のみで構成できることからデバイスプロセスとしては DCFL よりも容易である．また，上述のバイポーラトランジスタにおける ECL 回路のように，入力論理の正否双方の出力を得ることができるため論理回路の柔軟性が高い．しかし，SCFL 回路は単位ゲート当りの素子数が多く消費電力も大きいという欠点を持っている．この回路を用いて 0.1 μm のゲート長の InP HEMT で 40 Gbit/s の光伝送システム向けディジタル IC が試作されている[4]．

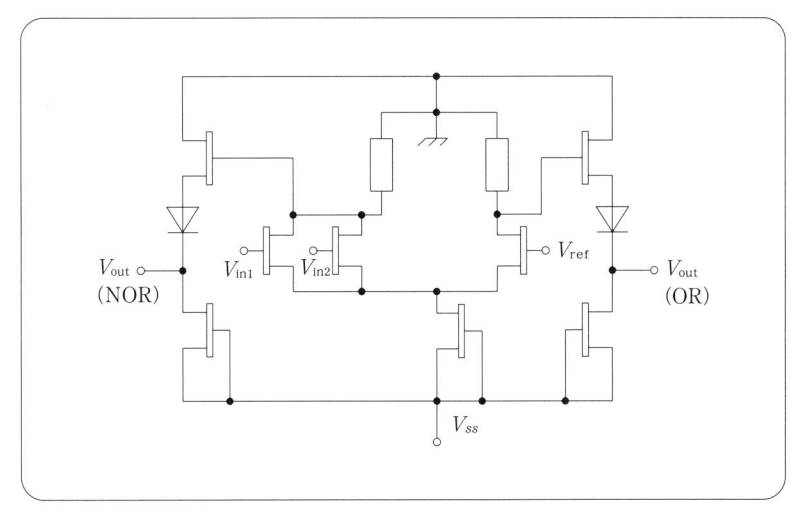

図 7.5　SCFL 回路

7.2　超高速デバイスの性能比較

　基本回路を組み合わせることにより種々の論理回路が構成できるが，用いられるシステムによって論理振幅と電源電圧が決定されることが一般的である．携帯端末では電池の電圧履歴を加味して決定される．また，システムを構成している MOS 集積回路の電源電圧に合わせて決められることも多い．そのため，超高速デバイスの耐圧は回路設計において重要なパラメータである．デバイスの高速化には，電荷の流れる距離，すなわち電荷の流れ出す電極と流れ込む電極の間を短くすることが重要であることは 2 章に述べた．しかし，電極間を短くするとそこに印加される電界が強くなり耐圧が低くなる．そのため，高速性と耐圧とはトレードオフの関係にあるといえる．**図 7.6** は種々の超高速デバイスの遮断周波数と耐圧との関係を示したものである．

　図より，同一種類のデバイスでは，高速動作を得ようとすると耐圧が減少することが分かる．また，年々改良を加えることによって遮断周波数と耐圧との積が向上している．このことは，耐圧を減少させることなく，高速性を向上させるように設計されたためである．電界が集中している領域と電荷が流れる領域を詳細に分析し，最適の構造に設計している結果ともいえる．超高速システムを設計する場合，どの回路にどのデバイスを用いるかが非常に重要となってくる．そのため，図 7.6 に示したデバイスの特性は，システムを構築する上で重

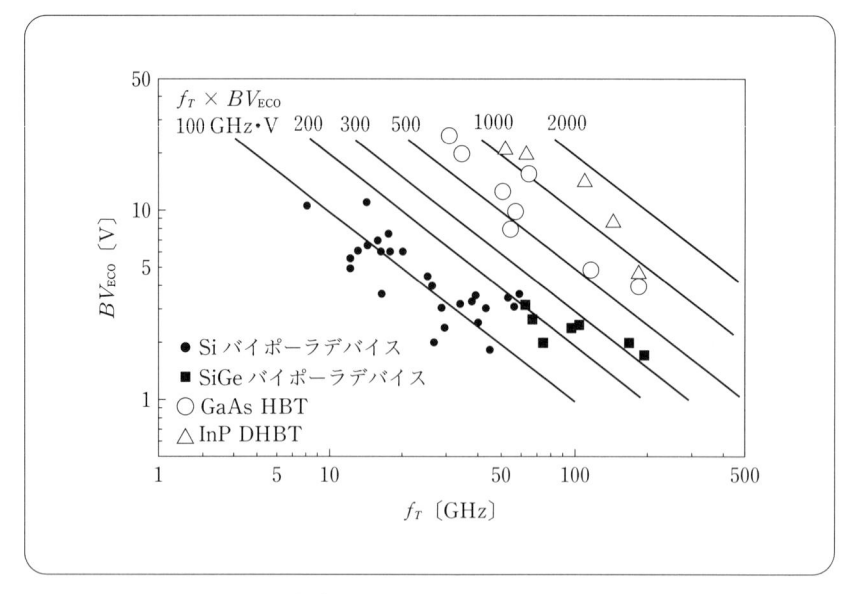

図7.6　種々の超高速デバイスの遮断周波数と耐圧との関係

要なパラメータの一つである．

7.3 超高速光伝送用システムと回路

　超高速デバイスの基本回路を組み合わせることにより種々の超高速システムが構成できる．ここでは，光伝送用システムを例にあげてみる．図7.7は40 Gbit/s光伝送システムのブロック図の一例である．

　送信側では，10 Gbit/sで送られてきた四つの信号をマルチプレクサで40 Gbit/sに変換し，レーザ光を変調させて光ファイバに送信する．また，受信側は，光ファイバの光信号を受光ダイオードで電気信号に変換し，前置増幅器，AGC増幅器で微小信号を一定電圧に増幅し識別器を経てデマルチプレクサによって元の10 Gbit/sの信号に戻すように設計されている．このシステムでは，信号振幅の小さなマルチプレクサ，前置増幅器，AGC増幅器，識別器，分周器，デマルチプレクサの回路はSiGeバイポーラトランジスタで構成され，信号振幅の大きなドライバ回路は耐圧の大きなInP HBTで形成されている．このように，信号振幅，耐圧の値によって，システム構成上最もふさわしい超高速デバイスを選択することが望ましい．

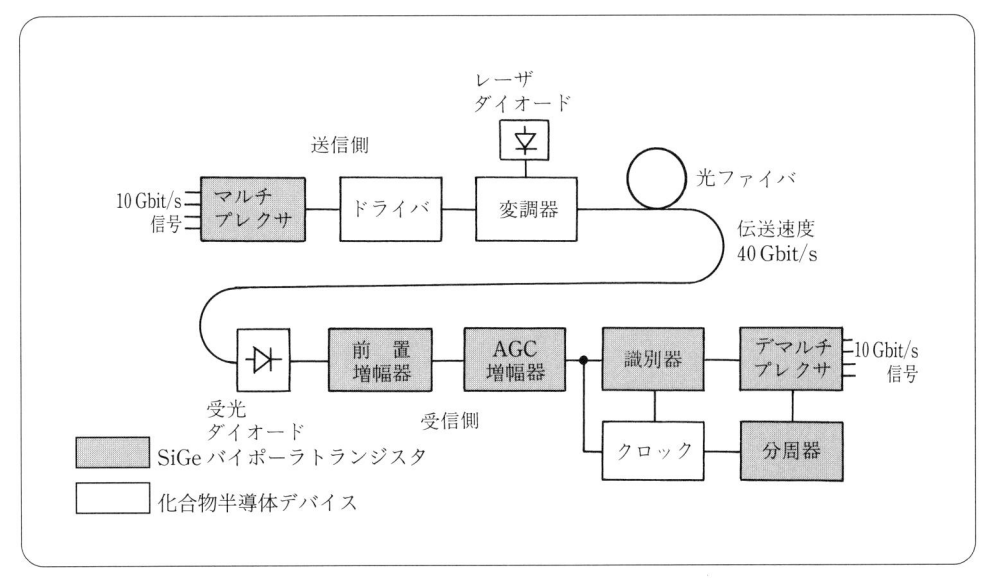

図7.7　40 Gbit/s 光伝送システムのブロック図

7.4 ミリ波を用いたシステムと回路

〔1〕 車載レーダシステムの概要と分布定数回路

　自動車の予防安全システムの一つとして，車載ミリ波レーダが重要視されている．これまでの車載レーダは赤外線レーザビームを用いたものが主であったが，雨や霧による見知能力低下が著しく，この点の問題がないミリ波レーダにシフトしようとしている．

　ミリ波レーダシステムは，図7.8に示すようにレーダヘッドから変調をかけた弱いミリ波を発射し先行車から反射してきた波のドップラーシフト・遅れ・位相差から得られる情報によって先行車までの距離と相対速度を割り出し，これに基づいて危険予知・警報発信，更に

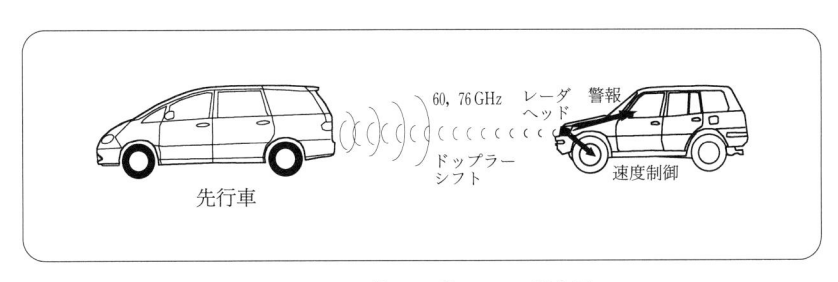

図7.8　ミリ波レーダシステム概念図

はオートクルーズを行おうとするものである．レーダヘッドから送受信されるミリ波の周波数は 76.5 GHz または 60.5 GHz であり，優れた高周波特性を持つ電子デバイスと損失の少ない回路構成が要求される．現在電子デバイスには主に PHEMT を用い，キャリヤ供給層の中に δ（デルタ）ドーピング[†]を行うなどして高周波特性を高めている．将来的には InP HEMT や MHEMT を用いて高性能化されていくと思われる．

このような高周波では，回路は分布定数回路となるのでデバイスと一体になった**ミリ波モノリシック集積回路**（**MMIC**：microwave monolithic integrated circuit）となる．MMIC 上の配線や受動素子の設置は伝送線路を用いて行う．伝送線路には図 7.9（a）に示すような 100 μm 以下に薄層化した基板の裏面全体に接地電極を持つ**マイクロストリップ線路**（micro strip line）と，図（b）に示すような同一平面上に接地電極を持つ**コプレーナ線路**（coplanar line）の 2 方式がある．

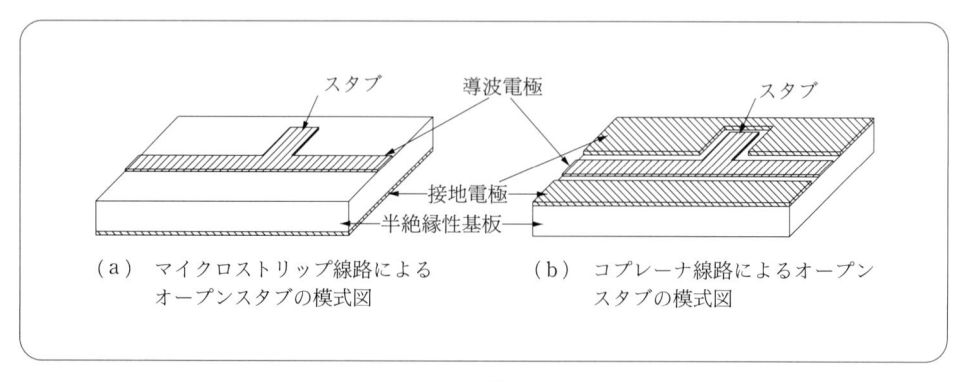

図 7.9　伝送線路の構造

マイクロストリップ線路では，解析が容易で市販のシミュレータでかなりの回路設計が可能であるが，反面，基板の薄層化や**貫通孔**（**ヴィアホール**：via hole）形成などの複雑な基板の裏面加工プロセスを必要する．

一方，コプレーナ線路では，表面プロセスのみでよいが回路設計は容易でない．

図 7.9 では線路上に**スタブ**（stub）と呼ばれる突起を設けているが，この長さによって所望のリアクタンス成分を線路上に追加できる．図のように先端が開放されていれば**オープンスタブ**，先端部分で接地されていれば**ショートスタブ**と呼び，電圧振幅は先端においてそれぞれ最大とゼロになる．スタブの配置によって入出力端と能動素子間のインピーダンス整合をとって電力を最大に送ることなどが可能になる．MMIC にはスタブが多用される．

〔2〕　ミリ波の送受信に用いられる MMIC

上記のレーダヘッドを例にその内部の構成と使われている MMIC を見てみよう．図 7.10

[†] 1 分子層にシート状に不純物を高濃度ドーピング（〜10^{13}cm^{-2}）する技術のことで，これによりゲート－チャネル間の距離を小さくできるため g_m を大きくでき，f_T や f_{max} を高めることができる．

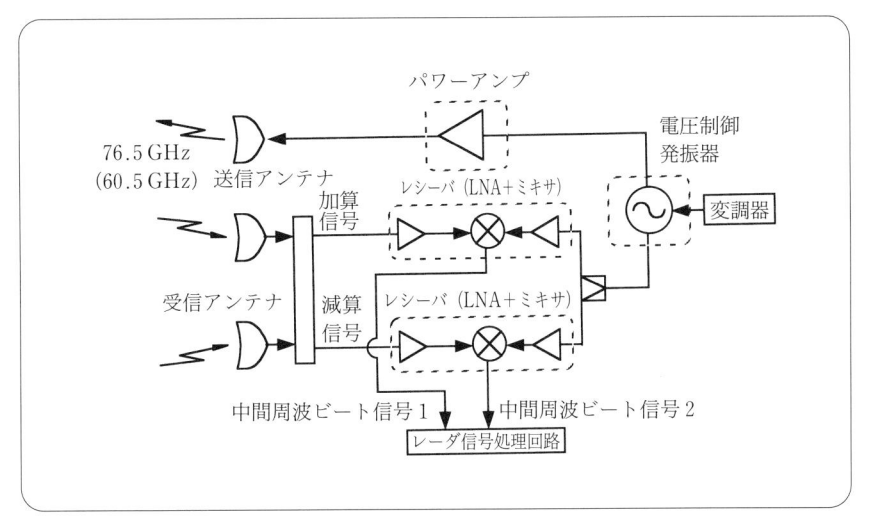

7.4 ミリ波を用いたシステムと回路   127

図 7.10　レーダヘッドのブロック図

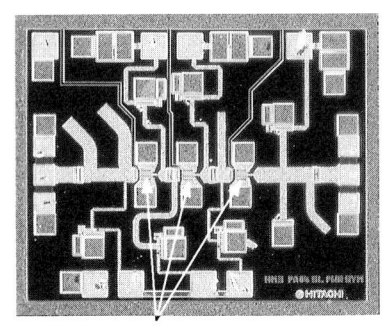

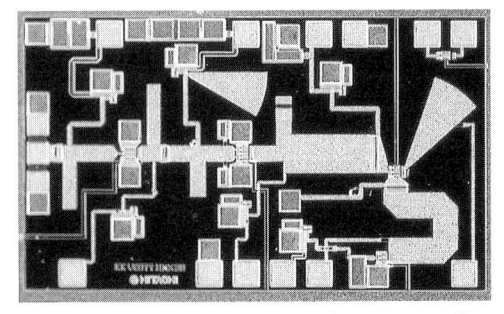

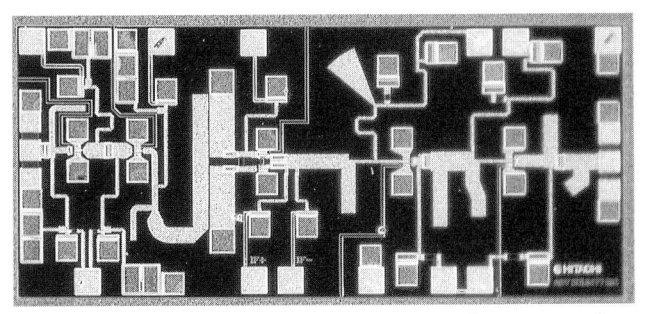

図 7.11　MMIC のチップの写真

は，レーダヘッドのブロック図である[5]．点線で囲んだ部分が MMIC である．この図では 3 種類 4 チップの MMIC を用いている．低雑音増幅器（LNA）とミキサを一体にした MMIC を二つ用いている理由は，位置をずらした受信アンテナを二つ持つことで受信信号の位相差から先行車の左右方向の位置を検出するためである[5]．受信アンテナを一つにした場合，同様の機能を持たせるためにはアンテナを機械的にスキャンするなどのメカニズムが別途必要となる．

これら三つの MMIC のチップの写真を図 7.11 に示す[5]．すべてマイクロストリップ線路と f_{max} が 160 GHz 以上の PHEMT により構成されている．チップのサイズは数 mm² 程度でコスト低減のためなるべく小さくする工夫がされている．チップ写真だけでは分かりにくいので，例としてパワーアンプの回路図を図 7.12 に示す．PHEMT を用いた 3 段のシングルエンド構成となっており，入出力端のインピーダンスを 50 Ω にして整合を取るためにオープンスタブとショートスタブを配置している．また，各段のドレーンバイアス給電は 1/4 波長のショートスタブ先端より行っている．この他に寄生発振防止用の回路なども付加されている．このチップの最大飽和出力電力は 15.3 dBm（33.9 mW）で，車載レーダの仕様を満たす数値が得られている．

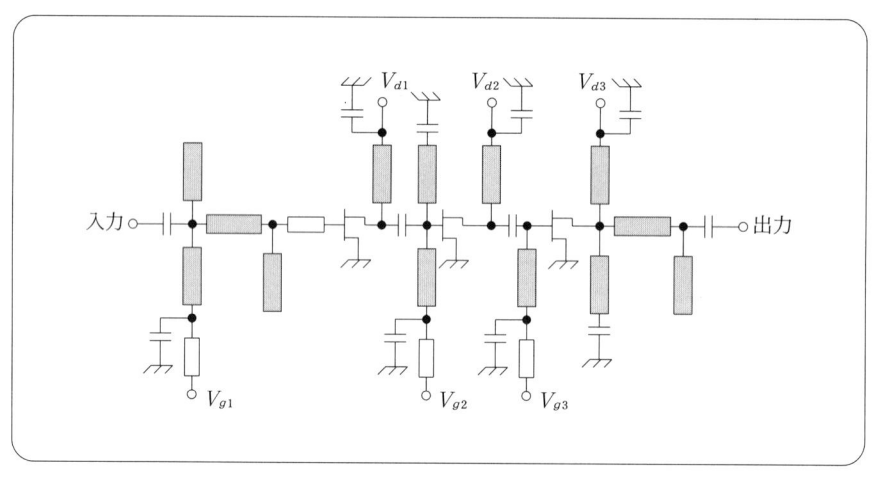

図 7.12　パワーアンプ MMIC の回路図（▭ はスタブ）

本章のまとめ

❶　高速動作に適したディジタル回路　　ECL 回路，DCFL 回路，SCFL 回路
❷　システムの例　　超高速光伝送システム，ミリ波車載レーダシステム
❸　分布定数回路　　MMIC

8 その他の超高速デバイス

　これまでSiバイポーラトランジスタやGaAsを中心とする化合物半導体デバイスとについて学習してきた．これらのほかにも，高速化が難しいとされていたSiの電界効果トランジスタにおいて，LDMOSFETは構造を工夫することで動作周波数を向上し，携帯電話の高出力トランジスタとして広く利用されている．また，GaNやSiCなどのワイドギャップ半導体を用いたトランジスタは，無線通信の基地局用高耐圧・高出力デバイスなどとして期待され開発が進められている．

　本章では，これらの超高速デバイスの構造と特徴について学ぶ．

8.1 Si LDMOSFET

材料物性に劣る Si を用いても，DRAM で発達した微細加工技術を駆使し，高周波の損失を最小限に抑える工夫によって高速化を達成したのが LDMOSFET である．ヨーロッパを中心とする GSM というシステムの携帯電話の端末や基地局において広く利用されている．

本節では，LDMOSFET の特徴的構造や GaAs MESFET と比較した性能について学ぶ．

8.1.1 LDMOSFETの構造

DRAM（dynamic random access memory）などに広く使われている Si MOSFET を高出力マイクロ波用途に発展させたものが **LDMOSFET**（水平拡散 MOSFET：laterally diffused MOSFET）である．図 8.1 に LDMOSFET[1] 及び GaAs MESFET のセル主要部の断面構造を模式的に示す．LDMOSFET は p 形に高濃度ドーピングした低抵抗基板に高

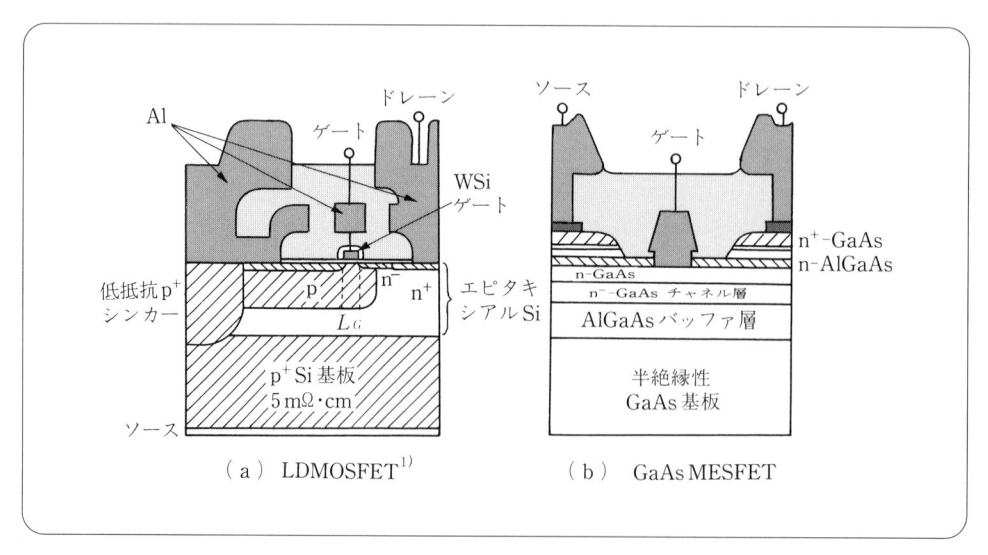

図 8.1　LDMOSFET 及び GaAs MESFET のセル主要部の断面構造比較
（p^-，p^+ はそれぞれ p 形の不純物濃度が低い，高いことを表す）

純度のSiエピタキシアル層を形成し，WSi（タングステン・シリサイド）ゲート金属をマスクにしたセルフアラインプロセスや不純物拡散技術などのDRAMで成熟した技術を駆使して微細なチャネルを形成している．また，ドレーン側に低濃度ドープのn形オフセット領域を設けることで耐圧を上げている．なお，LDMOSFETの"LD"の語源となったものは，ソースからゲート下に伸びるp領域を水平方向拡散で形成していることによる．

このLDMOSFETで特徴的な構造は，ソースの部分に形成した低抵抗のp形シンカー領域をイオン注入で形成し，低抵抗p形基板と電気的に接触していることである．これにより，基板全面をソース電極とすることができる．この構造では，デバイスチップをパッケージに組み込む際に，裏側のソース電極をパッケージの金属面に直接接触できるため，高周波特性を劣化させるワイヤ接続を減らすことができる．また，放熱特性も良好となる．

一方，GaAs MESFETやHEMTでは，MO-VPEやMBEなどのエピタキシアル結晶成長により，半絶縁性基板上に図ような多層結晶構造を作り，それを削り込んでソース，ゲート，ドレーンの三つの電極を表面に形成する．したがって，すべての接続は表面からワイヤボンディングで行わなくてはならず，高周波の損失が生じて持てる性能を十分には引き出していない．なお，この点は**6.1.3**項で述べたヴィアホールにより改善できるが，プロセスが複雑になる分のコスト上昇が発生してしまう．

以上のように，LDMOSFETは微細ゲートや三次元的な構造の工夫で，限界まで性能を引き出すことで，**表8.1**に示すようにGaAs MESFET並の高性能を達成している[1]．

表8.1 **LDMOSFET及びGaAs MESFETの電気特性と素子定数**

		LDMOSFET	GaAs MESFET	影響を受ける増幅器の特性
電気的特性	f_{max}〔GHz〕	18	>20	電力利得
	g_m〔S/cm〕	1.2	1.3	電力利得
	オン抵抗〔Ω・cm〕	0.5	0.5	効率
	耐圧〔V〕	14	20	信頼性
	しきい値電圧〔V〕	0.5	−2	電源構成
	電源電圧〔V〕	3.6	3.5	電源構成
素子定数	ゲート長 L_G〔μm〕	0.3	0.65	再現性
	ゲート幅 W_G〔mm〕	32	40	出力

☕ 談話室 ☕

地殻の構成元素 地殻の元素の構成比は**図8.2**のようになっており，1/4はSiである．Gaはその他に含まれSiの約1/15 000，InはSiの約1/5 000 000しかない．GaAsデバイスと同等の性能が得られれば，価格や量産性の点から当然のようにSiデバイスが使われる．

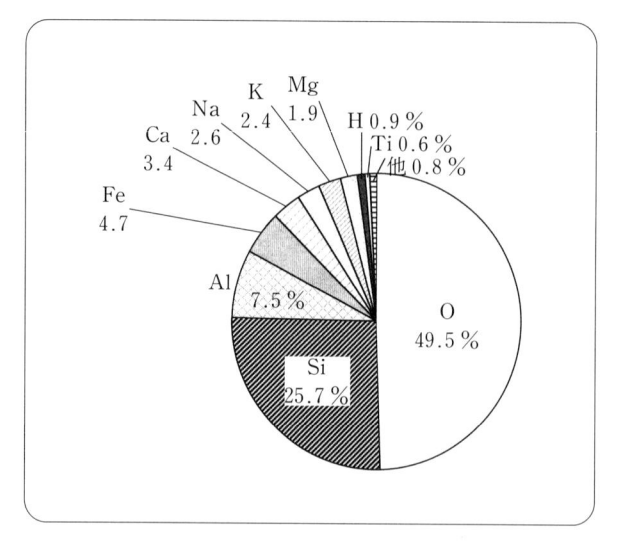

図 8.2 地殻の元素の構成比

8.1.2 LDMOSFETのマイクロ波出力特性

　全世界における携帯電話の通信システムには多くの種類があるが，なかでも圧倒的なシェアを有しているのがユーラシア大陸を中心とする 0.9 GHz の **GSM**（global system for mobile communications）と，その後継となる 1.8 GHz の **DCS**（digital cellular system）である．ここでは，GSM の高出力トランジスタに要求される性能仕様を指標に LDMOSFET[1]と GaAs FET[2]を比較する．

　GSM の携帯端末の出力として 4 W という大きな値が要求されている．FET を高出力化するためには，最も容易な考えとして W_G を大きくすればよいはずだが，図 8.3(a)に示すように W_G が大きくなりすぎると素子内での整合不良などが起こり，出力は W_G に比例して大きくならない．また電力付加効率も低下して，LDMOSFET の単体では仕様に到達できない．

　電源電圧は特に出力に大きな影響を与える．図(b)は，出力のソース-ドレーン間電圧 V_{DS} 性を示す．V_{DS} を下げると LDMOSFET では GaAs FET に比べて出力の低下が速く，Li イオン電池を電源とする場合（約 3.5 V）において出力が 2 W 程度に留まる．しかし，このデバイスを用いて高度にインピーダンス整合を取りながら 3 段構成の増幅モジュールを作製することで，図中に示すような仕様を満たすものができている．

　このように LDMOSFET はデバイス構造からモジュール内の構成にまで工夫を加えて GaAs デバイスに太刀打ちしている．しかし，次世代の通信システムに向けて LDMOS-

8.1 Si LDMOSFET

（a） 電力付加効率/出力特性のサイズ依存性

（b） 出力のソース-ドレーン間電圧 V_{DS} 依存性

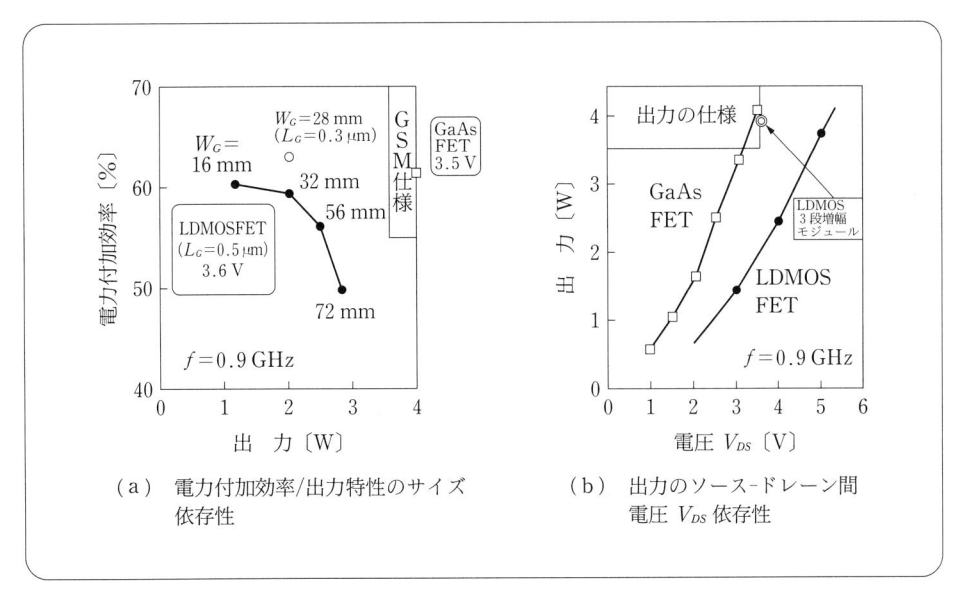

図8.3　GSM用高出力トランジスタの特性

FETの L_G を $0.3\,\mu\mathrm{m}$ 未満に微細化すると，図8.4のように f_{max} は向上するが，耐圧は仕様とされる $10\,\mathrm{V}$ を下回ってしまう．したがって，今後スケーリングに従わずに，耐圧を下げることなく高周波特性を改善できる新たな工夫が必要となる．

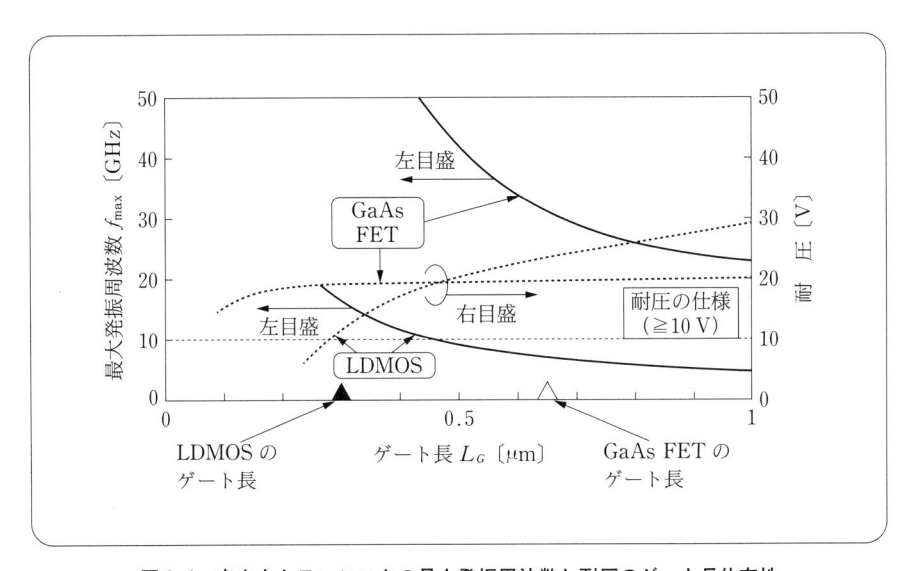

図8.4　高出力トランジスタの最大発振周波数と耐圧のゲート長依存性

― ☕ 談　話　室 ☕ ―

LDMOSFETがGSMで用いられる理由　　GSMやDCSでは，マイクロ波の変調方式として，**GMSK**（gaussian filtered minimum shift keying）が用いられている．

GMSK は高出力トランジスタの動作範囲としてひずみを含む飽和領域まで用いることが許される．LDMOSFET は GaAs FET に比べ線形動作の点で劣っていたが GMSK では問題とならず，V_T が正であること及び価格や生産能力の優位性から広く使われている．なお，**CDMA**（code division multiple access）というアクセス方式を使った日米のシステムや，日本の **PDC**（personal digital cellular）などは，**QPSK**（quadrature phase shift keying）という変調方式を用いている．QPSK は高出力トランジスタに高い線形性を要求するため，GaAs デバイスが優位である．

8.2 ワイドギャップ高出力デバイス

デバイスの高速化には，これまで学習してきたように，微細化や電子輸送特性に優れた半導体材料の採用が有効であった．反面，これらの施策はデバイスの耐圧を低下させ，高周波帯（特にミリ波帯）での高出力を困難にしている．この課題に対処することを期待されているものが，広い E_g と高い v_s を持つ GaN や SiC を用いたデバイスである．本節では，これらのワイドギャップ高出力デバイスの材料や特性などについて学ぶ．

8.2.1 GaN と SiC の物性

〔1〕 共通の特徴

GaN と SiC の物性を**表 8.2** に示す．二つの半導体はともに E_g が広いため絶縁破壊電界が著しく高い．また，**図 8.5** に示すように高電界領域での熱平衡状態における v_s が GaAs や Si より大きいという共通した特徴を有する．これらにより，高耐圧と高速を両立したデバイスを作ることが期待できる．更に，これらの半導体は，化学的・熱的に安定であり，かつ，キャリヤの熱励起が生じにくいことから数百℃の高温でも動作するデバイスを作ることもできる．したがって，エンジンなどの高温の環境でも動作するデバイスの作製も不可能ではない．地球環境面では，As のような有害物質を含まないことも魅力的である．

表8.2 ワイドギャップ半導体と従来材料の物性比較

材料物性	GaN	SiC(6H)	SiC(4H)	SiC(3C)	GaAs	Si
禁制帯幅 [eV]	3.39	3	3.3	2.2	1.42	1.12
電子飽和速度 [10^7cm/s]	2.7	2.0	2.7	2.7	0.7	1.0
電子移動度 [$cm^2/(V \cdot s)$]	2000	450	900	1000	8500	1500
正孔移動度 [$cm^2/(V \cdot s)$]	30	50	100	50	400	450
比誘電率	8.9	9.7	9.7	9.7	13.1	11.9
絶縁破壊電界 [MV/cm]	2.4	3.0	3.0	2.0	0.4	0.3
熱伝導率 [$W/(cm \cdot K)$]	1.5	4.9	4.9	4.9	0.46	1.5

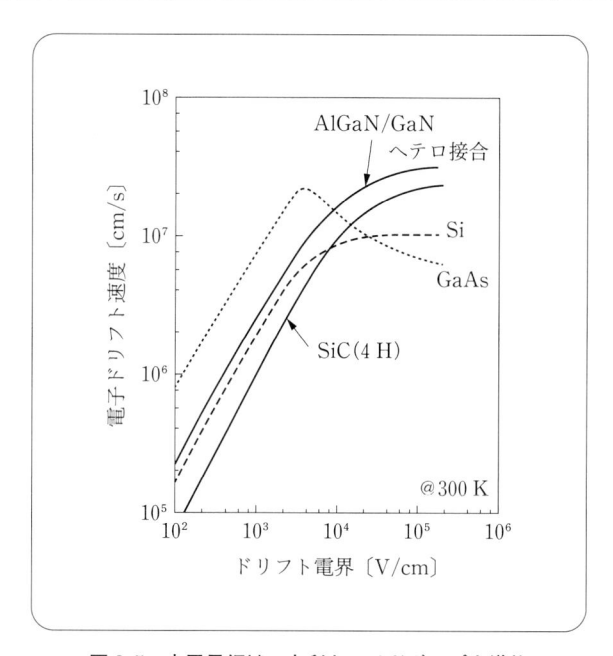

図8.5 高電界領域で有利なワイドギャップ半導体

〔2〕 GaN の特徴

　高速デバイスや光デバイス向けの GaN のエピタキシアル成長には主に MO-VPE が用いられる．基板にはサファイア（Al_2O_3）または SiC が用いられる．サファイアは GaN に対して格子不整合が 16% もあるが，12 インチもの大口径基板が入手可能であり，かつ，低価格であるという利点がある．一方，サファイアの欠点として，大きな格子不整合による GaN への結晶欠陥の生成，格子不整合と熱膨張係数差による GaN への大きな圧縮ひずみとウエハの反りの発生，及び小さな熱伝導率による放熱性の悪さなどが挙げられる．

　SiC を基板とする場合，格子不整合は 3% と小さく熱伝導率も極めて高いという利点があるが，SiC 基板の最大径は 3〜4 インチであり，かつ，非常に高価であるという欠点もある．GaN 基板があれば理想的であるが，バルク結晶を作ることが困難なため，VPE 法で何らか

の基板上に厚くエピタキシアル成長した GaN を剝離して基板に用いることも進められているが，いっそうの低欠陥化が必要である．

SiC に比べて，GaN が持つ重要な特徴として AlGaN や InGaN などの混晶とヘテロ接合を作れることが挙げられる．後述のように AlGaN と組み合わせることにより HEMT のような電界効果トランジスタを作ることができる．

〔3〕 **SiC の特徴**

SiC のバルク結晶は昇華で作られるため大形結晶が作りにくく，上述のように大口径化と低価格化が遅れている．しかし，抜きん出て高い熱伝導率は発熱の大きい大出力デバイスにとって大きな魅力である．SiC のエピタキシアル成長には VPE や MBE 法が用いられ，p 形にも n 形にもドーピングの制御が比較的容易にできる．

SiC の結晶構造は単一ではなく，SiC 分子の重なり方に多様性があるため，結晶成長条件により表 8.2 のような 3 C（ベータ（β）とも呼ばれる），4 H，6 H を初め多数の形態をとる（C は立方晶，H は六方晶を表す）．この結晶構造の一つひとつを**ポリタイプ**（poly type）と呼ぶ．表の SiC のポリタイプでは密度や熱伝導率が同じでも，分子配列の周期性の違いから，禁制帯幅やキャリヤの輸送特性が異なる．この表から分かるように，高速デバイスには 4 H や 3 C のポリタイプが好適といえる．

SiC のエピタキシに用いられる基板には SiC 以外に Si 基板がある．Si を基板に用いると立方晶系の結晶構造が引き継がれ，3 C のポリタイプが成長する．Si を基準にみると 3 C-SiC の格子不整合は－20％もあるため，転位欠陥の低減が課題となっている．

SiC は極めて硬い材料であるが，Si に近いことから Si プロセスで確立しているエッチングなどの加工技術を転用することが可能である．

☕ 談 話 室 ☕

GaN　GaN は短波長の発光素子用材料として利用されている．結晶欠陥の存在にもかかわらず，発光層である InGaN 層の量子ドット効果や結晶成長の革新により高輝度の青，緑，白などの LED が量産化されている．当時，日亜化学（現 UCSB）の中村修二氏が開発した two-flow MO-VPE 法や結晶欠陥の低減及びドーピング技術によるところが大きい．青色レーザダイオードは高密度の DVD の記録・再生を可能とし，量産化が始まっている．

8.2.2 ワイドギャップ高出力デバイスの特性

〔1〕 GaN デバイスの構造と特性

GaN では AlGaN とのヘテロ接合を利用できるため，図 8.6 に示す HEMT のような電解効果トランジスタが作られている．基板には放熱特性を重視する場合は SiC を用いるが，コストを重視する場合はサファイアを用いる．なお，サファイアを用いても基板を薄く研磨して用いれば放熱特性は改善される[3]．

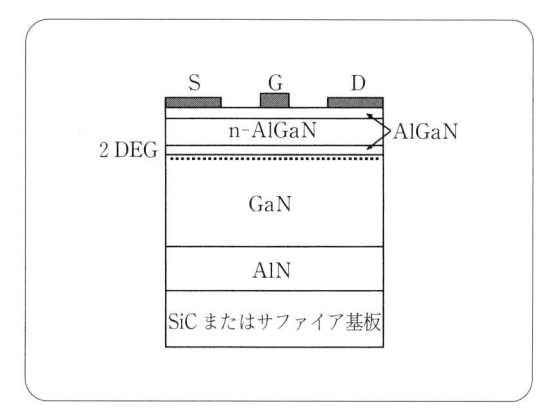

図 8.6 GaN HEMT の構造

AlGaN は GaN より格子定数が小さいため，GaN 上にエピタキシアル成長すると AlGaN 内には引張りひずみが生じる．このひずみによる AlGaN 層内のピエゾ分極効果と自発分極効果により GaN 側には正の，表面側には負の電荷が発生する．この効果により AlGaN にドナーをドーピングしなくても図 8.7 のようなエネルギーバンド構造になり，ヘテロ界面に二次元電子ガスが蓄積される．AlGaN の Al 組成を大きくすると分極効果も大き

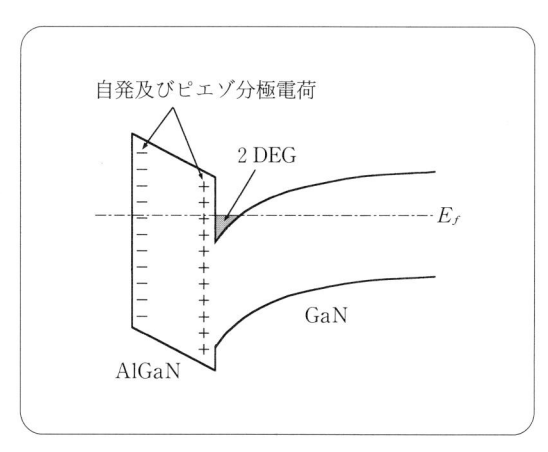

図 8.7 AlGaN/GaN ヘテロ接合の分極によって生じるエネルギーバンド構造

くなるため 2 DEG の濃度も大きくなり，Al 組成が 0.2 程度で $1\times10^{13}\mathrm{cm}^{-2}$ もの高濃度の 2 DEG が形成される．この値は PHEMT に比べると 4〜5 倍も高く，GaN デバイスの大電流駆動能力の要因になっている．

GaN HEMT の電流-電圧特性を図 8.8 に示す．ワイドギャップデバイスの特徴の一つである高温動作が実証されており，400℃でも優れたピンチオフ特性を示している[4]．

GaN デバイスにおけるプロセス面での課題は，接触抵抗の低減によるソース抵抗の改善やエッチング技術の開発などがあり，結晶における課題とともに実用化に向けてクリヤされるべきものである．したがって，GaN デバイスの実力はまだ十分に発揮されていないが，8 GHz で単位ゲート幅当り 9.2 W/mm の高電力密度（GaAs デバイスの約 6 倍）が達成できている[5]．

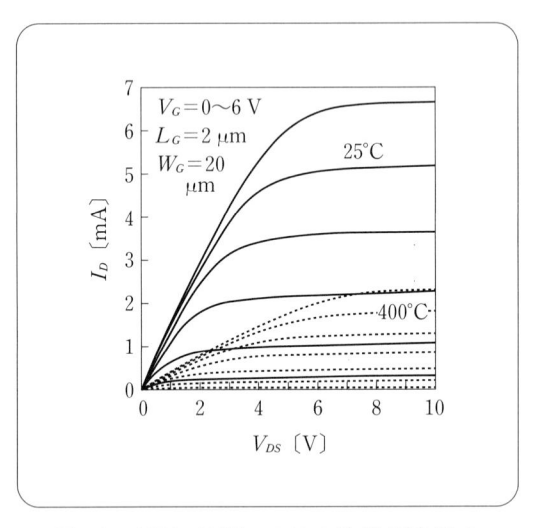

図 8.8　室温と 400℃ における GaN HEMT の電流-電圧特性[4]

〔2〕 SiC デバイスの構造と特性

マイクロ波帯の SiC デバイスは，二つの構造で開発が進められている．その一つが，図 8.9(a)に示す**静電誘導トランジスタ**（**SIT**：static induction transistor）である．SIT は FET を縦形にしたような構造であることが分かるが，ゲート-ドレーン間の容量が大きくなってしまい，10 GHz を超える動作は難しい．しかし，高い線形性を有しながら，数 GHz で数百 W の高出力動作を実現している[6]．

SiC デバイスのもう一つの構造は，図(b)に示す通常の MESFET である．MESFET では SIT と同等の高出力デバイスもできつつあり，ゲート長の短縮によって高周波動作の点でも優れたものが試作されている．SiC には n 形の高濃度ドーピングが可能であることからソース抵抗を下げることができ，電力密度や電力付加効率の高いデバイスも実現している．

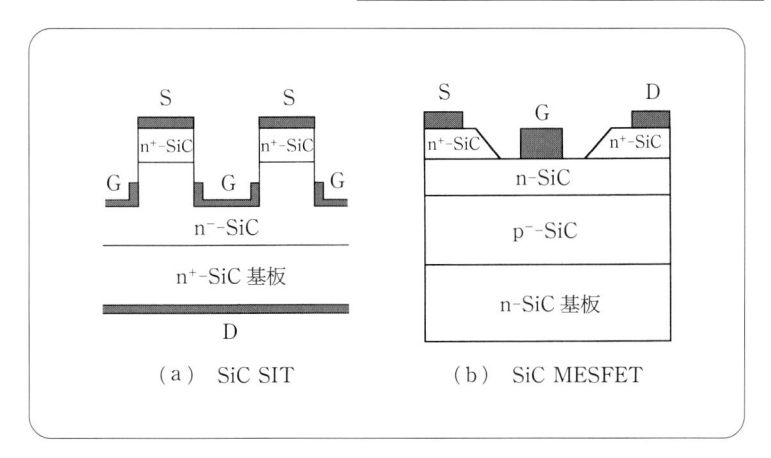

図 8.9　SiC SIT 及び SiC MESFET の構造

また，SiC MESFET では高い信頼性が示されており，180°Cにおける動作では寿命が 200 万時間ともいわれている．したがって，劣悪な環境でのメンテナンスフリーな高出力デバイスとして期待できる[7]．

〔3〕 ワイドギャップデバイスと従来デバイスの比較

ワイドギャップデバイスを既に実用化されている LDMOSFET や GaAs MESFET と比較して表 8.3 に示す[7]．結晶やプロセス面での改善が進んだことを想定した数値を含むが，ワイドギャップデバイスの特徴は電力密度が高いことからチップサイズを小さくできるとにある．これにより高価格な SiC 基板の欠点を多少緩和することが可能である．また，熱伝導率が高く放熱性が良好で，冷却用ファンなどを省略できることなど，システム上のメリットも大きい．

表 8.3　ワイドギャップデバイスと従来デバイスとの特性比較

項　目	GaN HEMT	SiC MESFET	Si LDMOS	GaAs MESFET
電力付加効率〔%〕	50	50	35	50
高周波電力密度〔W/mm〕	>5	5	0.4	1
利　得〔dB〕	10	10	10	12
チップサイズ比	(<0.4)	(0.4)	2.2	1
パッケージサイズ〔mm^2〕	(100)	(120)	320	300
温度上昇〔°C〕	(35)	(35)	76	47

　GaN MEMT のデータは 9 GHz，ほかは ≦2 GHz．（　）の数値は今後の予測値

高周波電力出力と周波数の観点からみたワイドギャップデバイスが目標とするパワーマップを図 8.10 に示す．ワイドギャップデバイスが実用化されれば，進行波管が担っている領域の一部を固体デバイスに置き換えることが可能である．既に Si や GaAs デバイスでカバーしている領域には，ワイドギャップデバイスが価格面やシステム上での大きなメリットが

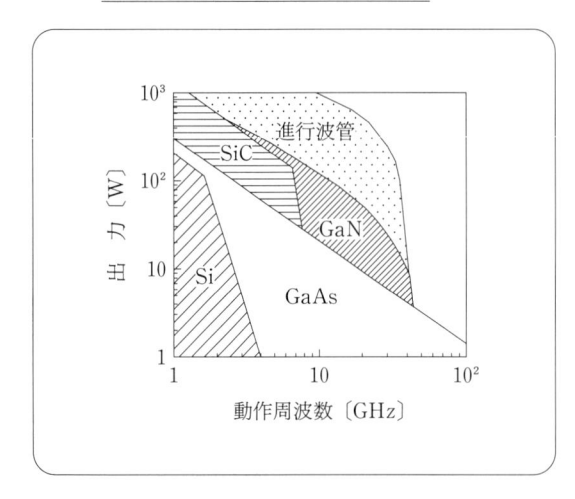

140　8. その他の超高速デバイス

図 8.10 ワイドギャップデバイスが目標とするパワーマップ

ない限り入り込むことは困難である．したがって，他のデバイスでは届かない領域でワイドギャップデバイスの応用を考える必要がある．

このような用途として，準ミリ波帯通信（ワイヤレスアクセス，ローカルエリアネットワーク，衛星通信など）用の高出力デバイスやレーダ用デバイスなどが考えられており，システムの仕様によっては，携帯電話の基地局用高出力デバイスとしても期待されている．

本章のまとめ

❶ **LDMOSFET**　　構造の工夫で高速・高出力を可能とした Si MOSFET
❷ **ワイドギャップデバイス**　　GaN や SiC を用いた高速・高出力・高耐圧デバイス

●理解度の確認●

問 8.1　ワイドギャップ材料は電子移動度が GaAs の 1/4 程度でしかないのにもかかわらず高速動作が期待される理由を述べよ．

引用・参考文献

(1 章)

1) 谷口英司, 新庄真太郎, 森 一富：W-CDMA 携帯機送受信デバイス, 三菱電機技報, 特集「第3世代携帯電話技術」, **77**, 2, (2003).

(3 章)

1) Wolfe, C. M. et al., Appl. Phys. Lett. 41, p. 3088, (1970).
2) Tiwari, S. and Frank, D. J., Appl. Phys. Lett. **60**, 5, p. 630, (1992).
3) Dingle, et al., Appl. Phys. Lett. **33**, p. 665, (1978).
4) Pfeiffer, L. et al., Appl. Phys. Lett. **55**, 18, p. 1888, (1989).
5) Anderson, et al., Appl. Phys. Lett. **51**, 7, p. 753, (1987).
6) Otoki, Y. et al., from Manuscript of GAAS99 held in Oct. 1999 in Munich
7) 応用物理学会分科会「シリコンテクノロジー」極浅接合形成技術, No.39, JSAP カタログ No.AP 022219 (2002).

(4 章)

1) 倉田 衛：バイポーラトランジスタの動作原理, 近代科学社 (1980).
2) Sze, S. M.編：High-Speed Semiconductor Devices, John Wiley & Sons (1990).
3) Hart, P. A. H.編：Bipolar-MOS Integration, Elsevier Science B. V. (1994).
4) Feldman, L. C. and Mayer, J. W.著, 栗山一男, 山本康博訳：表面と薄膜分析技術の基礎, 海文堂 (1989).
5) 古川静二郎, 雨宮好仁：シリコン系ヘテロ接合バイポーラトランジスタ, 丸善 (1991).
6) Special Issue on Bipolar Transistor Technology：Past and Future Trends, IEEE Transaction on Electron Devices, **48**, 11, (2001).
7) Washio, K., Int. J. of High-Speed Electronics and Systems, **11**, 1, pp. 77〜114, (2001).

(5 章)

1) Mimura, T. et al., Japan. J. Appl. Phys., **19**, 5, p. L225, (1980).
2) 阿部浩之, 他編：光・マイクロ波半導体応用技術, サイエンスフォーラム第2-1節（葛原正明著）, (1996).
3) Dambrine, G. et al., IEEE Trans. Microwave Theory Tech., 36, p. 1151, (1988).
4) 小西良弘, 本城和彦：マイクロ波半導体回路, 日刊工業新聞社 (1993).
5) 三島友義：応用物理, **69**, 2, p.191, (2000).
6) Cappy, A. et al., Compound Semiconductor, **5**, 8, p. 40, (1999).
7) Enoki, et al., IEEE Tans. Electron Devices, **42**, 8, p. 1413, (1995).
8) Ouchi, K. et al., Japan. J. Appl. Phys. 41, part 1, No. 2B. p. 1004, (2002).
9) 樋口克彦, 三島友義：応用物理, **67**, 2, p.139, (1998).
10) Hoff, P., Compound Semiconductor, **6**, 7, p. 64, (2000).

11) Inosako, K. et al., IEEE Trans. Electron Device Lett., 15, p. 248, (1994).

(**6章**)

1) 小西良弘, 本城和彦：マイクロ波半導体回路, 日刊工業新聞社 (1993).
2) Yanagihara, M. et al., IEDM Tech. Dig., p. 807, (1995).
3) Streit, D. et al., Compound Semiconductor, **6**, 3, (April 2000).
4) Oka, T. et al., Appl. Phys. Lett., **78**, 4, p. 483, (2001).
5) Telford, M. III-V Review, **14**, 2, p. 38, (2001).

(**7章**)

1) 柳井久義, 永田 穣：改訂 集積回路工学（1）, （2）, コロナ社 (1988).
2) 木村 有, 沖テクニカルレビュー第190号, **69**, 2, p.68, (2002).
3) 菅野卓雄, 大森正道：超高速化合物半導体デバイス, 培風館 (1986).
4) 村田浩一, 日本機械学会誌, **104**, 987, p.87, (2001).
5) 栗田直幸, 他, 信学技報, **99**, 554, p.41, (2000).

(**8章**)

1) 吉田 功, J.IEE Japan, **119**, 12, p.764, (1999).
2) 阿部浩之, 他編：光・マイクロ波半導体応用技術, サイエンスフォーラム第2-1節（葛原正明著）(1996).
3) 羽山信幸他, 電子情報通信学会技術研究報告, **100**, 371, CPM 2000-107, p.37, (2000).
4) Maeda, N. et al., Jpn. J. Appl. Phys. 38, p. L987, (1999).
5) Wu, Y. F. et al., IEICE Tras. Electron, E82-C, p. 1895, (1999).
6) Bojko, R. J. et al., 56th Device Research Conf. Digest, p. 96, (1998).
7) Pengelly, R. Compound Semiconductor, **6**, 4, p. 36, (2000).

理解度の確認；解説

(1 章)

問 1.1 MOS 電界効果トランジスタ，バイポーラトランジスタ，ヘテロ接合バイポーラトランジスタ，MES 形電界効果トランジスタ，HEMT など

問 1.2 携帯電話を例にとると

　　送受信機能（超高速，高効率，単一電源）：化合物半導体デバイス

　　周波数変換機能（低ひずみ，高速）：シリコンバイポーラトランジスタ

　　番号記憶，演算機能（高集積，メモリ，演算）：MOSFET

(2 章)

問 2.1 電界強度は 1.5×10^5 V/cm なので，図 2.1 より

　　シリコン：1.0×10^7 cm/s

　　GaAs：6.0×10^6 cm/s

問 2.2 ゲート直下のソース端子より 50 nm までの電界強度は 2×10^3 V/cm なので，飽和速度は図 2.1 より 4×10^6 cm/s である．ソース端子より 50 nm からドレーン端子までの電界強度は 2.98×10^5 V/cm なので飽和速度は 1.0×10^7 cm/s である．

問 2.3 図 2.7 参照

問 2.4 単位面積当りのコレクタ-ベース容量を C_{CB}，ベース縦方向寸法を 1 μm とすると

　　真性トランジスタのコレクタ-ベース容量：$0.5\times1\times C_{CB}$

　　寄生トランジスタのコレクタ-ベース容量：$2.5\times1\times C_{CB}$

問 2.5 シリコン及び酸化膜の比誘電率はおよそ 12 及び 4 なので

　　真性トランジスタのコレクタ-ベース容量：$0.5\times1\times C_{CB}$

　　寄生トランジスタのコレクタ-ベース容量：$2.5\times1\times C_{CB}\times1/3$

(3 章)

問 3.1 タイプ I（3.1.2 項参照）

問 3.2 例えば，フォトルミネセンス発光ピークのエネルギーより近い値として求めることが可能であるが，不純物や欠陥を多く含む結晶の場合，禁制帯幅よりかなり低めのエネルギーになるため，光吸収スペクトルなど別の測定をする必要がある．

問 3.3 イオン注入の低エネルギー化，分子イオン注入，固体ソースからの拡散，ガスソースからの拡散，多結晶シリコンからの拡散

(4 章)

問 4.1 4.1.1 項参照

問 4.2 エミッタ-ベース接合の浅接合化．SiC コレクタ．自己整合法による寄生領域低減．各種寄生抵抗の低減．各種寄生容量の低減．ベース抵抗の低減．

(5 章)

問 5.1 省略（3.1.2 項の変調ドープヘテロ接合や高純度の結晶成長技術を参照）

問 5.2　$v_s = 2\pi L_G f_T = 2 \times 3.14 \times 1.5 \times 10^{-5} \times 2 \times 10^{11} \fallingdotseq 1.9 \times 10^7$　cm/s

問 5.3　詳細は省略（オン耐圧向上には材料の選択などチャネル構造の改善，オフ耐圧向上にはゲート-ドレーン間の距離を広げるなどして強電界を緩和する構造にすることが有効）

(6 章)

問 6.1　$\tau_B = 5 \times 10^{-13}$ s,　$\tau_C = 2.5 \times 10^{-12}$ s,　$f_T = \dfrac{1}{2\pi(\tau_B + \tau_C)} \fallingdotseq 53$ GHz

問 6.2　図 3.8 を参考にすると，InP に格子整合する GaAsSb では InGaAs に比べて InP との $\varDelta E_c$ が減少し $\varDelta E_v$ が増加する．また，正孔の移動度が向上することも期待できる．これらにより β の増加，オン電圧の低減，ベース抵抗の低減が可能となり，トランジスタの効率や高周波特性が改善する．

(8 章)

問 8.1　絶縁破壊耐圧が高いため高電界を加えることができ，ドリフト速度が GaAs では低い値で飽和してしまうような電界領域で優位性を発揮できる．

索 引

【あ】
アイソプレーナ形 ……………57
浅接合 …………………………37

【い】
イオン化不純物散乱 …………24
イオン注入 ……………………38
位相雑音 ………………………113
移動度 ……………………10,22

【う】
ヴィアホール …………108,126

【え】
エミッタクラウディング 60,76
エミッタホロワ応答 …………119

【お】
オージェ電子分光法 …………36
オフ耐圧 ………………………92
オン耐圧 ………………………92

【か】
カーク効果 …………………54,72
拡散雑音 ………………………112
拡散容量 ………………………104
化合物半導体 ………………3,20
ガスソース法 …………………39
カソードルミネセンス ………35
間接遷移形半導体 ……………24
貫通孔 …………………108,126
ガンメル数 …………………48,49
ガンメルプロット …………49,76

【き】
気相拡散法 ……………………39
寄生抵抗 ………………………85
寄生デバイス …………………13
寄生容量 ………………………120
寄生領域 ………………………17
狭バンドギャップ効果 ………53

【く】
グレーデッド・ベース ………111

【け】
傾斜形 …………………………74
携帯情報機器 …………………6

【こ】
高エネルギー反射電子線回折 31
光学フォノン散乱 ……………24
光 子 …………………………24
格子整合 ………………………22
格子定数 ………………………21
格子ひずみ緩和 ………………28
格子ひずみ緩和 HEMT ………91
高周波雑音 ……………………112
高周波パラメータ ……………76
高出力 PHEMT ………………94
コプレーナ線路 ………………126
コレクタ応答 …………………119
コレクタ抵抗 …………………56
混 晶 ………………………20,75
コンタクト層 …………………81

【さ】
再結合電流 ……………………50
最小雑音指数 …………………88
最大発振周波数 ………………88
Ⅲ-Ⅴ族化合物半導体 …………20

【し】
しきい電圧 ……………………83
自己整合技術 …………………60
遮断周波数 ……………………87
集積度 …………………………5
瞬間気相拡散法 ………………39
瞬間熱処理 ……………………39
ショット雑音 …………………112
真空紫外光電子分光法 ………37
真性トランジスタ …………13,71
真性バイポーラトランジスタ
　　　　　　　　　　　55,58
真性ベース領域 ………………55
真性領域 ……………13,17,85

【す】
水平ブリッジマン法 …………20
スタブ …………………………126

【せ】
正孔電流密度 …………………46
静電誘導トランジスタ ………138
接合容量 ………………………104
接触抵抗 ……………………14,15
セルフアラインプロセス ……131

【そ】
相互コンダクタンス …………83
組 成 …………………………22

【た】
耐 圧 …………………92,109
多結晶シリコン ……………41,60
多結晶シリコンエミッタバイ
　ポーラトランジスタ ………63
多結晶シリコン層 ……………41
谷間散乱 ………………………23
ダブルベース電極構造 ………65
ダブルヘテロ接合バイポーラ
　トランジスタ ………………110
ターンオン電圧 ………………109

【ち】
超格子 …………………………35
超高真空 ………………………31
直接遷移形半導体 ……………24
直列抵抗 ………………………14

【て】
低雑音増幅器 …………………112
電界効果トランジスタ ………2
電子電流密度 …………………46
電子雪崩降伏 …………………92
電流増幅率 ……………………48
電流利得 ………………………87
電力付加効率 …………………97
電力利得 ………………………87

【と】
動作周波数 ……………………5
ドープト多結晶シリコン ……61
ドープト多結晶シリコン層 …42
ドリフト速度 …………………10
ドリフト電界 …………………10

索引

【に】
二次イオン質量分析 ……………36
二次元電子ガス ………………27
2層多結晶シリコンバイポーラ
　トランジスタ ………………65
ニー電圧 ………………………96

【ね】
熱雑音 …………………………112

【は】
バイポーラトランジスタ
　………………55,58,63,65,110
発生再結合雑音 ………………112
バルク再結合 …………………102

【ひ】
ピエゾ分極 ……………………137
引上げ法 ………………………20
ひずみ整合 ……………………27

【ふ】
フォトルミネセンス ………27,35
フォノン ………………………24
分光エリプソメトリ …………37
分子線エピタキシアル成長 …31
分配雑音 ………………………112

【へ】
平均自由行程 …………………31
ベース応答 ……………………118
ベース走行時間 ………………51
ベース抵抗 …………………56,59
ベース電流 ……………………49
ヘテロ接合 ……………………25
変調ドープヘテロ接合 ………25

【ほ】
飽和速度 ………………………10
飽和電子速度 …………………23
ボックス形 ……………………74
ポリタイプ ……………………136

【ま】
マイクロストリップ線路 …126
マイクロプロセッサ ………5
マルチフィンガ ……………94

【み】
ミリ波レーダ ………………125

【め】
メサエッチング ……………107
メタモルフィック HEMT ……91
メモリ ………………………5

【ゆ】
有機金属気相エピタキシアル
　成長法 ……………………32
ユニラテラル電力利得 ……88

【り】
両性不純物 …………………21
臨界膜厚 ……………………28

【A】
AlGaAs ……………………81,106
AlGaN ………………………137

【D】
DCFL 回路 …………………121
DX センタ …………………81

【E】
ECL 回路 …………………118
ESPER ………………………67

【F】
$1/f$ 雑音 ……………………112

【G】
GaAs …………………………20
GaN ……………………134,136
GSM …………………………132
GST …………………………67

【H】
HBT …………………………3

HEMT ……………………3,81,91

【I】
InGaP ………………………106
InP …………………………109

【K】
Kirk 効果 …………………54

【L】
LDMOSFET …………………130

【M】
MBE …………………………31
MESFET …………………5,80
MHEMT ……………………91
MMIC ………………………126
MO-CVD ……………………32
MOS 電界効果トランジスタ …2
MO-VPE ……………………32

【P】
PHEMT ……………………81,94

【R】
RBS …………………………61
RHEED ……………………31

【S】
SCFL 回路 …………………122
SIC …………………………72
SICOS …………………68,69,70
SiC …………………………134
SiGe ………………………73
SiGe 混晶組成比 …………75
SOI ……………………62,66
SST ……………………67,69

【X】
X 線回折 ……………………35
X 線光電子分光法 …………37

【Y】
y パラメータ ………………85

--- 著者略歴 ---

中村　徹（なかむら　とおる）
1975 年　早稲田大学大学院理工学研究科博士課程修了
　　　　　　（電気工学専攻）
1980 年　工学博士（早稲田大学）
現在，法政大学教授

三島　友義（みしま　ともよし）
1983 年　東京工業大学大学院理工学研究科博士課程修了
　　　　　　（電子物理工学専攻）
　　　　　工学博士（東京工業大学）
現在，日立電線株式会社勤務
　　　　法政大学講師（兼務）

超高速エレクトロニクス
Ultra-High-Speed Electronics　　© 社団法人　電子情報通信学会　2003

2003 年 11 月 13 日　初版第 1 刷発行

検印省略	編　者	社団法人 電子情報通信学会 http://www.ieice.org/
	著　者	中　村　　　徹 三　島　友　義
	発行者	株式会社　コロナ社 代表者　牛来辰巳

112-0011　東京都文京区千石 4-46-10
発行所　株式会社　コロナ社
CORONA PUBLISHING CO., LTD.
Tokyo　Japan　　Printed in Japan
振替 00140-8-14844・電話(03)3941-3131(代)
http://www.coronasha.co.jp

ISBN 4-339-01878-3
印刷：壮光舎印刷／製本：グリーン

無断複写・転載を禁ずる
落丁・乱丁本はお取替えいたします

電子情報通信学会 大学シリーズ

(各巻A5判)

■(社)電子情報通信学会編

配本順		タイトル	著者	頁	本体価格
A-1	(40回)	応用代数	伊藤 理 正 夫 悟 共著	242	3000円
A-2	(38回)	応用解析	堀内 和夫 著	340	4100円
A-3	(10回)	応用ベクトル解析	宮崎 保光 著	234	2900円
A-4	(5回)	数値計算法	戸川 隼人 著	196	2400円
A-5	(33回)	情報数学	廣瀬 健 著	254	2900円
A-6	(7回)	応用確率論	砂原 善文 著	220	2500円
B-1	(57回)	改訂 電磁理論	熊谷 信昭 著	340	4100円
B-2	(46回)	改訂 電磁気計測	菅野 允 著	232	2800円
B-3	(56回)	電子計測(改訂版)	都築 泰雄 著	214	2600円
C-1	(34回)	回路基礎論	岸 源也 著	290	3300円
C-2	(6回)	回路の応答	武部 幹 著	220	2700円
C-3	(11回)	回路の合成	古賀 利郎 著	220	2700円
C-4	(41回)	基礎アナログ電子回路	平野 浩太郎 著	236	2900円
C-5	(51回)	アナログ集積電子回路	柳沢 健 著	224	2700円
C-6	(42回)	パルス回路	内山 明彦 著	186	2300円
D-2	(26回)	固体電子工学	佐々木 昭夫 著	238	2900円
D-3	(1回)	電子物性	大坂 之雄 著	180	2100円
D-4	(23回)	物質の構造	高橋 清 著	238	2900円
D-6	(13回)	電子材料・部品と計測	川端 昭 著	248	3000円
D-7	(21回)	電子デバイスプロセス	西永 頌 著	202	2500円
E-1	(18回)	半導体デバイス	古川 静二郎 著	248	3000円
E-2	(27回)	電子管・超高周波デバイス	柴田 幸男 著	234	2900円
E-3	(48回)	センサデバイス	浜川 圭弘 著	200	2400円
E-4	(36回)	光デバイス	末松 安晴 著	202	2500円
E-5	(53回)	半導体集積回路	菅野 卓雄 著	164	2000円
F-1	(50回)	通信工学通論	畔柳 功 塩谷 芳光 共著	280	3400円
F-2	(20回)	伝送回路	辻井 重男 著	186	2300円
F-4	(30回)	通信方式	平松 啓二 著	248	3000円

記号		書名	著者	頁	価格
F-5	(12回)	通信伝送工学	丸林 元 著	232	2800円
F-7	(8回)	通信網工学	秋山 稔 著	252	3100円
F-8	(24回)	電磁波工学	安達三郎 著	206	2500円
F-9	(37回)	マイクロ波・ミリ波工学	内藤喜之 著	218	2700円
F-10	(17回)	光エレクトロニクス	大越孝敬 著	238	2900円
F-11	(32回)	応用電波工学	池上文夫 著	218	2700円
F-12	(19回)	音響工学	城戸健一 著	196	2400円
G-1	(4回)	情報理論	磯道義典 著	184	2300円
G-2	(35回)	スイッチング回路理論	当麻喜弘 著	208	2500円
G-3	(16回)	ディジタル回路	斉藤忠夫 著	218	2700円
G-4	(54回)	データ構造とアルゴリズム	斎藤信男・西原清二 共著	232	2800円
H-1	(14回)	プログラミング	有田五次郎 著	234	2100円
H-2	(39回)	情報処理と電子計算機 (「情報処理通論」改題新版)	有澤 誠 著	178	2200円
H-3	(47回)	電子計算機 I ―基礎編―	相磯秀夫・松下 温 共著	184	2300円
H-4	(55回)	改訂 電子計算機 II ―構成と制御―	飯塚 肇 著	258	3100円
H-5	(31回)	計算機方式	高橋義造 著	234	2900円
H-7	(28回)	オペレーティングシステム論	池田克夫 著	206	2500円
I-3	(49回)	シミュレーション	中西俊男 著	216	2600円
I-4	(22回)	パターン情報処理	長尾 真 著	200	2400円
J-1	(52回)	電気エネルギー工学	鬼頭幸生 著	312	3800円
J-3	(3回)	信頼性工学	菅野文友 著	200	2400円
J-4	(29回)	生体工学	斎藤正男 著	244	3000円
J-5	(45回)	改訂 画像工学	長谷川 伸 著	232	2800円

以下続刊

C-7	制御理論	D-1	量子力学
D-5	光・電磁物性	F-3	信号理論
F-6	交換工学	G-5	形式言語とオートマトン
G-6	計算とアルゴリズム	I-1	ファイルとデータベース
I-2	データ通信	J-2	電気機器通論

定価は本体価格+税です。
定価は変更されることがありますのでご了承下さい。

図書目録進呈◆

電子情報通信レクチャーシリーズ

■（社）電子情報通信学会編　　（各巻B5判）

白ヌキ数字は配本順を表します。

		書名	著者	頁	本体価格
❻	A-5	情報リテラシーとプレゼンテーション	青木由直著	216	3400円
❾	B-6	オートマトン・言語と計算理論	岩間一雄著	186	3000円
❶	B-10	電磁気学	後藤尚久著	186	2900円
❹	B-12	波動解析基礎	小柴正則著	162	2600円
❷	B-13	電磁気計測	岩﨑俊著	182	2900円
❸	C-7	画像・メディア工学	吹抜敬彦著	182	2900円
❽	C-15	光・電磁波工学	鹿子嶋憲一著	200	3300円
❺	D-14	並列分散処理	谷口秀夫著	148	2300円
❿	D-18	超高速エレクトロニクス	中村・三島共著	158	2600円
❼	D-24	脳工学	武田常広著	240	3800円

以下続刊

共通
A-1	電子情報通信と産業	西村吉雄著
A-2	電子情報通信技術史	技術と歴史研究会編
A-3	情報社会と倫理	笠原・土屋共著
A-4	メディアと人間	原島・北川共著
A-6	コンピュータと情報処理	村岡洋一著
A-7	情報通信ネットワーク	水澤純一著
A-8	マイクロエレクトロニクス	亀山充隆著
A-9	電子物性とデバイス	益一哉著

基礎
B-1	電気電子基礎数学	大石進一著
B-2	基礎電気回路	篠田庄司著
B-3	信号とシステム	荒川薫著
B-4	確率過程と信号処理	酒井英昭著
B-5	論理回路	安浦寛人著
B-7	コンピュータプログラミング	富樫敦著
B-8	データ構造とアルゴリズム	今井浩著
B-9	ネットワーク工学	仙石・田村共著
B-11	基礎電子物性工学	阿部正紀著

基盤
C-1	情報・符号・暗号の理論	今井秀樹著
C-2	ディジタル信号処理	西原明法著
C-3	電子回路	関根慶太郎著
C-4	数理計画法	福島・山下共著
C-5	通信システム工学	三木哲也著
C-6	インターネット工学	後藤滋樹著
C-8	音声・言語処理	広瀬啓吉著
C-9	コンピュータアーキテクチャ	坂井修一著
C-10	オペレーティングシステム	徳田英幸著
C-11	ソフトウェア基礎	外山芳人著
C-12	データベース	田中克己著
C-13	集積回路設計	鳳・浅田共著
C-14	電子デバイス	舛岡富士雄著
C-16	電子物性工学	奥村次徳著

展開
D-1	量子情報工学	山崎浩一著
D-2	複雑性科学	松本・相澤共著
D-3	非線形理論	香田徹著
D-4	ソフトコンピューティング	山川烈著
D-5	モバイルコミュニケーション	中川・大槻共著
D-6	モバイルコンピューティング	中島達夫著
D-7	データ圧縮	谷本正幸著
D-8	暗号と情報セキュリティ	黒澤・尾形共著
D-9	ソフトウェアエージェント	西田豊明著
D-10	ヒューマンインタフェース	西田・加藤共著
D-11	画像光学と入出力システム	本田捷夫著
D-12	コンピュータグラフィックス	山本強著
D-13	自然言語処理	松本裕治著
D-15	電波システム工学	唐沢好男著
D-16	電磁環境工学	徳田正満著
D-17	VLSI工学	岩田・角南共著
D-19	量子効果エレクトロニクス	荒川泰彦著
D-20	先端光エレクトロニクス	大津元一著
D-21	先端マイクロエレクトロニクス	小柳光正著
D-22	ゲノム情報処理	高木利久著
D-23	バイオ情報学	小長谷明彦著
D-25	医療・福祉工学	伊福部達著

定価は本体価格+税です。
定価は変更されることがありますのでご了承下さい。

◆図書目録進呈◆